# Lehrbuch der elektrischen Festigkeit der Isoliermaterialien

Von

**Dr.-ing. A. Schwaiger**
a. o. Professor an der Technischen Hochschule
Karlsruhe

Mit 94 Textabbildungen



Springer-Verlag Berlin Heidelberg GmbH
1919

ISBN 978-3-662-42137-6 ISBN 978-3-662-42404-9 (eBook)
DOI 10.1007/978-3-662-42404-9

# Vorwort.

Für die Entwicklung der elektrischen Energieübertragung war und ist das Prinzip der Wirtschaftlichkeit maßgebend; dieses hat bekanntlich zur Zusammenfassung (Zentralisation) der Energieerzeugung in großen Kraftwerken (Überlandwerken) und zur Übertragung der Energie auf große Entfernungen und damit zur Anwendung hoher Übertragungsspannungen geführt.

Die Wahl hoher Übertragungsspannungen hat die Elektrotechnik vor viele neue und schwierige Aufgaben gestellt, deren Lösung durch eingehende theoretische und experimentelle Untersuchungen vielfach gelungen ist. Die Forschungsergebnisse auf dem Gebiet der Hochspannungstechnik — so nennt man dieses neue Gebiet — sind in mehreren literarischen Werken niedergelegt, von denen das bekannteste wohl das Buch „Hochspannungstechnik" von Petersen ist.

Unter dem Begriff „Hochspannungstechnik" faßt man gewöhnlich die Teilgebiete zusammen: elektrische Festigkeitslehre, elektromagnetische Ausgleichsvorgänge und Bau von Hochspannungsanlagen.

Das vorliegende Buch befaßt sich lediglich mit dem ersten der genannten drei Teilgebiete, mit der elektrischen Festigkeitslehre.

Unter „elektrischer Festigkeit" versteht man den Widerstand der Isoliermaterialien gegen Durchschlag. Der Ausdruck „Festigkeit" ist nicht glücklich gewählt, da es beim Durchschlag des Isoliermaterials nicht darauf ankommt, wie „fest" es ist. Nachdem sich aber dieser Ausdruck einmal eingebürgert hat, soll er auch im vorliegenden Buch beibehalten werden. Zum erstenmal scheint er von J. C. Maxwell gebraucht worden zu sein.

Es ist eine bemerkenswerte Tatsache, daß unsere Kenntnisse über die elektrische Festigkeit der Isoliermaterialien noch nicht so weit fortgeschritten sind, als man in Anbetracht der Wichtigkeit dieses Gebietes erwarten sollte. Wenn trotzdem die Technik es wagen konnte, zur Anwendung immer höherer Spannungen zu schreiten — Übertragungsspannungen von 100 000 Volt sind bereits überschritten —, und wenn es tatsächlich gelungen ist, die mit so hohen Spannungen verbundenen Erscheinungen und Schwierigkeiten zu beherrschen, so mag das hauptsächlich seinen Grund darin haben, daß der Konstrukteur bei der Dimensionierung der Konstruktionen mit einem sehr großen Sicherheitsfaktor rechnet.

In der Annahme, daß dieses Gebiet in der Elektrotechnik mit der Zeit eine ähnliche Bedeutung erlangen wird wie die Festigkeitslehre im

Maschinenbau, hat es der Verfasser unternommen, dasselbe vom allgemeinen Gebiet der Hochspannungstechnik loszutrennen und sozusagen auf eigene Füße zu stellen. Er hofft dadurch, das Interesse hierfür zu fördern und eine Anregung zu geben, daß in den Hochspannungsprüf- und -versuchsfeldern besonders der experimentellen Erforschung der elektrischen Festigkeit der Isoliermaterialien mehr Augenmerk geschenkt wird, als es bisher der Fall war. Sollten diese Anregungen auf fruchtbaren Boden fallen, so wäre ein Hauptzweck des Buches erfüllt.

Gegenüber den bereits vorhandenen bzw. dem Verfasser bekannten Veröffentlichungen auf diesem Gebiet sind im vorliegenden Buch hauptsächlich die Berechnungsmethoden der „zusammengesetzten Anordnungen", sowie die Darlegungen über die experimentelle Ermittlung der elektrischen Festigkeit neu. Die letzteren stützen sich auf die umfangreichen Untersuchungen, die der Verfasser in seinem Hochspannungslaboratorium (Technische Hochschule Karlsruhe) angestellt hat.

Das vorliegende Buch wurde im Felde geschrieben, und dieser Umstand erklärt auch, warum die vorhandene Literatur und die in der Praxis üblichen Ausführungsformen so wenig Erwähnung finden konnten. Wie der Verfasser jedoch nach Rückkehr aus dem Felde feststellen konnte, sind Neuerscheinungen in der Literatur, deren Nichtbeachtung das vorliegende Buch wertlos machen würde, in den letzten Jahren nicht zu verzeichnen gewesen. Den Mangel des Buches an Beispielen aus der Praxis glaubt der Verfasser dadurch aufgewogen zu haben, daß er die Theorie der einzelnen Gruppen technisch wichtiger Anordnungen so eingehend behandelt hat, daß es für den auf diesem Gebiet arbeitenden Ingenieur nicht schwer sein dürfte, die auf einen gegebenen Fall anzuwendenden Rechnungsmethoden ausfindig machen und verwerten zu können. Der Hauptzweck des Buches als Lehrbuch wäre aber erfüllt, wenn es dem Leser beim Einarbeiten in das Gebiet der elektrischen Festigkeit nützlich sein könnte.

Mein Freund und Kriegskamerad, Herr Vzfw. Meixner (Lehrer in München), hat mich bei der Berechnung der Kurven, beim Nachprüfen der Formeln, sowie beim Übertragen des Stenogrammes in Maschinenschrift sehr unterstützt; mir werden die schönen Stunden, die wir in den Vogesen bei gemeinsamer Arbeit verlebt haben, in steter Erinnerung bleiben. Die Allgemeine Elektrizitäts-Gesellschaft Berlin, die Porzellanfabrik Hermsdorf, sowie Herr Dr.-Ing. Weicker haben dem Verfasser in zuvorkommender Weise einige Bildstöcke zur Verfügung gestellt. Endlich hat der Herr Verleger keine Mühe gescheut, den Druck des Buches zu beschleunigen. All den Genannten, die so zum Erscheinen des Buches beigetragen haben, spricht der Verfasser seinen aufrichtigen Dank aus.

Karlsruhe, Neujahr 1919.

**Der Verfasser.**

# Inhaltsverzeichnis.

# Einleitung.

In der Umgebung eines stromführenden Leiters ist ein magnetisches und ein elektrisches Feld vorhanden. Unter sonst gleichen Verhältnissen hängt die Stärke des magnetischen Feldes von der Größe des Stromes im Leiter ab, die Stärke des elektrischen Feldes von der Höhe der Spannung des Leiters gegenüber seiner Umgebung. Es ist deshalb erklärlich, daß die mit dem elektrischen Feld verknüpften Erscheinungen sich besonders bei Hochspannung bemerkbar machen.

Die Lehre von der elektrischen Festigkeit der Isoliermaterialien beschäftigt sich mit dem Verhalten dieser Materialien im elektrischen Feld.

Die Erfahrung lehrt, daß das elektrische Feld in Isoliermaterialien nicht beliebig hoch gesteigert werden darf, weil sonst das Material zerstört wird. Die Zerstörung erfolgt meist in der Weise, daß an der stärkst beanspruchten Stelle ein mehr oder weniger großer Kanal (Loch) gerissen wird; dabei ist der Vorgang von der Bildung eines Funkens oder Lichtbogens begleitet, wodurch das Material je nach seiner Beschaffenheit zum Verbrennen, Zerplatzen, Verdampfen oder zur chemischen Zersetzung gebracht wird.

Man nennt diesen Vorgang Durchschlag und spricht von einer Beanspruchung des Materials auf Durchschlag. In Anlehnung an die Ausdrücke „Zugfestigkeit" usw. nennt man den Widerstand des Materials gegen Durchschlag Durchschlagfestigkeit. Das Verhältnis: Durchschlagfestigkeit zu Beanspruchung heißt Sicherheitsgrad der Konstruktion. Dieser muß natürlich größer als Eins sein, wenn die Konstruktion dem elektrischen Feld standhalten soll,

Die Erfahrung hat die Annahme bestätigt, daß für die Beanspruchung auf Durchschlag die im Material herrschende Feldstärke, auch Intensität des elektrischen Feldes genannt, maßgebend ist.

Die Aufgabe der elektrischen Festigkeitslehre wird also darin bestehen, zu zeigen, wie man die Feldstärke in Isoliermaterialien berechnen kann und wie man die Durchschlagfestigkeit eines Materials ermittelt.

Da zur Berechnung der elektrischen Feldstärke die Kenntnis der Grundgesetze der Elektrostatik notwendig ist, sollen diese zuerst abgeleitet werden. Das vorliegende Buch zerfällt also in die drei Hauptteile:

I. Theoretische Grundlagen der elektrischen Festigkeitslehre.

II. Berechnung der elektrischen Beanspruchung von Isoliermaterialien bei technisch wichtigen Anordnungen.

III. Experimentelle Ermittlung und Prüfung der elektrischen Festigkeit von Isolierstoffen und Konstruktionen.

# I. Theoretische Grundlagen der elektrischen Festigkeitslehre.

Die Grundgesetze der elektrischen Festigkeitslehre sind aus der theoretischen Elektrizitätslehre bekannt. Der Vollständigkeit halber sollen sie im folgenden nochmals kurz abgeleitet werden, und zwar werden an Hand grundlegender Versuche die wichtigsten Gesetze des elektrischen Feldes aufgesucht. Wir gehen dabei am besten von den einfachsten Gebilden aus, nehmen also an, daß eine Kugel, ein Zylinder oder eine Ebene Träger des elektrischen Feldes sind (Abschnitt A). Unsere weitere Aufgabe wird dann sein, die hier gewonnenen Gesetze zur Berechnung des elektrischen Feldes zu verwerten (Abschnitt B). Danach wird erläutert, wie man sich die Beanspruchung der Isoliermaterialien im elektrischen Feld vorzustellen hat (Abschnitt C).

## A. Grundlegende Versuche.

Ein elektrisch geladener Körper erzeugt in seiner Umgebung eine Zustandsänderung. Diese Zustandsänderung kann man in folgender Weise wahrnehmbar machen: Eine kleine Kugel — wir wollen sie „Probekugel" nennen — wird ebenfalls geladen und in die Nähe des Körpers gebracht; man bemerkt dann, daß auf sie eine Kraft wirksam ist. Da die Kraftwirkung auf keine andere uns bekannte Ursache zurückgeführt werden kann, muß sie elektrischen Ursprungs sein und von der Zustandsänderung herrühren, welche die Umgebung des elektrisierten Körpers erfahren hat.

Der ganze Raum, in welchem sich die Zustandsänderung nachweisen läßt, wird elektrisches Feld genannt.

Wir wollen nun die Eigenschaften des elektrischen Feldes erforschen, und zwar zunächst für die Fälle, wo 1. eine Kugel, 2. ein Kreiszylinder und 3. eine Ebene die Träger des elektrischen Feldes sind.

### 1. Das elektrische Feld einer geladenen Kugel.

Als Körper, den wir elektrisch laden, wählen wir zunächst eine Metallhohlkugel, welche auf einem Stativ aus Glas befestigt sei; oben möge die Kugel eine Öffnung besitzen, durch welche man die Probekugel auch in das Innere der Hohlkugel führen kann.

Als Probekugel wählen wir eine Holundermarkkugel, die klein ist im Vergleich zur Hohlkugel und gleichnamig geladen sei wie diese. Sie möge an einer Aufhängevorrichtung befestigt sein, welche gestattet, die auf sie wirksame Kraft zu messen, also etwa an einer geeichten Feder.

Wir stellen nun folgende Versuche an:

Wir bringen die Probekugel in das elektrische Feld und untersuchen, wie groß die auf sie wirksame Kraft an verschiedenen Stellen des elektrischen Feldes ist. Wir gehen dabei am besten systematisch vor, indem wir die Probekugel an verschiedene Punkte bringen, die alle auf einem Strahl liegen, welcher durch den Mittelpunkt der Hohlkugel geht.

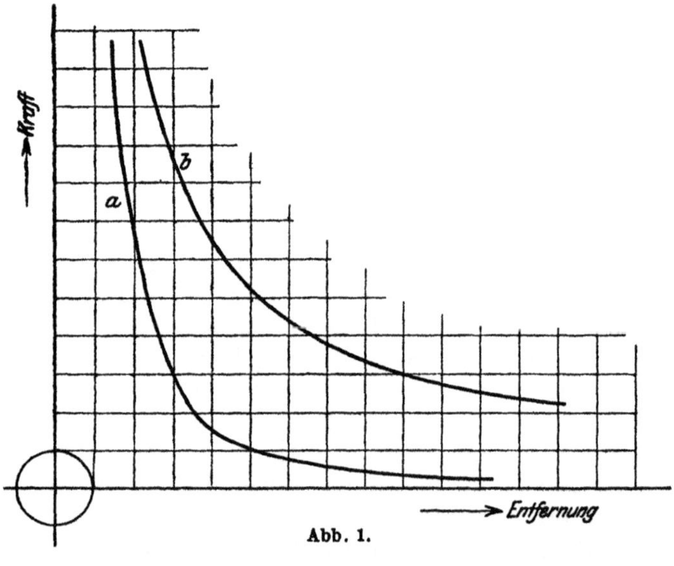


Abb. 1.

Wir stellen fest, daß die Kraft auf die Probekugel um so kleiner ist, je weiter wir uns von der Hohlkugel wegbewegen. Wir lesen an jeder Stelle die Größe der Kraft ab und tragen sie als Funktion des Ortes in einem Koordinatensystem auf; es ergibt sich dabei die in Abb. 1 dargestellte Kurve *a*. Wir stellen fest, daß wir die gleiche Kurve für jeden beliebigen anderen Strahl erhalten. Aus dem Verlauf der Kurve ersehen wir, daß die Kraft umgekehrt proportional mit dem Quadrat der Entfernung vom Mittelpunkt der Kugel abnimmt.

Offenbar können wir nun eine Reihe von Punkten angeben, in welchen die wirksame Kraft gleich groß ist. Alle diese Punkte liegen auf einer Fläche — wir nennen diese Fläche Niveaufläche[1]) —, die im

[1]) Wir werden später noch eine schärfere Definition für den Begriff „Niveaufläche" kennen lernen. Bei der Kugel und beim Zylinder sind die Niveauflächen jedenfalls auch Flächen konstanter Kraft.

vorliegenden Falle eine konzentrische Kugelschale ist. Wir können eine ganze Schar solcher Niveauflächen zeichnen, und zwar wählen wir diese Schar am besten so, daß der Unterschied der Kräfte zwischen je zwei aufeinander folgenden Flächen gleich groß ist (Abb. 2a). Dadurch wird ein sehr anschauliches Bild über die Verteilung der Stärke der wirksamen Kräfte gewonnen.

Wir bringen die Probekugel auch in das Innere der Hohlkugel, ohne jedoch diese beim Hineinführen zu berühren. Der Versuch ergibt die merkwürdige Tatsache, daß im Innern der Hohlkugel nicht die geringste Kraft wirksam ist. Daraus ziehen wir den sehr wichtigen Schluß, daß im Innern von Metallen (Leitern) keine Kräfte elektrischen Ursprungs wirksam sind.

Die Stoffe, in welchen sich elektrische Felder ausbilden können, nennen wir Isolatoren (Dielektrikum).

Durch eine zweite Versuchsreihe soll nun festgestellt werden, in welchem Verhältnis die im elektrischen Feld wirksame Kraft zur Größe der Ladung der Hohlkugel steht. Wir erteilen also der Hohlkugel eine andere Ladung; sehr einfach ist es z. B., die ursprüngliche Ladung genau auf die Hälfte zu reduzieren. Dazu brauchen wir die Kugel nur mit einer anderen gleich großen zu berühren. Wir untersuchen das elektrische Feld in gleicher Weise wie vorher und stellen fest, daß das Gesetz der Verteilung der elektrischen Kraft dasselbe geblieben ist; es haben sich lediglich die Absolutwerte der Kräfte geändert, und zwar sind sie überall auf die Hälfte herabgesunken. Wir können also den Satz aussprechen:

Die Kräfte im elektrischen Feld sind der Ladung des Feldträgers proportional.

Wir sind jetzt über die Größe der wirksamen Kräfte im elektrischen Feld unterrichtet. Bekanntlich besitzen die Kräfte aber nicht nur eine bestimmte Größe, es kommt ihnen auch eine Richtung zu. Die Richtung der Kräfte im elektrischen Feld wollen wir durch eine dritte Versuchsreihe untersuchen.

Wir bringen die Probekugel wieder in das elektrische Feld der Hohlkugel. Unter der Einwirkung der uns der Größe nach bereits bekannten Kräfte will sich die Probekugel von der Hohlkugel wegbewegen, und zwar in einer ganz bestimmten Richtung. Wir führen die Probekugel immer in der Richtung weiter, in welcher sie sich bewegen will und zeichnen die Bahn auf, welche dabei beschrieben wird. Wir nennen diese Bahn Kraftlinie. Wir wiederholen den Versuch an mehreren Stellen; es ergibt sich, daß die Kraftlinien im vorliegenden Fall Strahlen sind, die vom Mittelpunkt der Kugel auszugehen scheinen. Offenbar durchstoßen diese Kraftlinien die bereits ermittelten Niveauflächen senkrecht. Wir können unendlich viele solcher Kraftlinien im Feld angeben; in Abb. 2 ist eine Schar gezeichnet. Um die Richtung der Kraft anzugeben, sind die Kraftlinien mit Pfeilen versehen.

Damit haben wir das Feld der Hohlkugel erkundet.

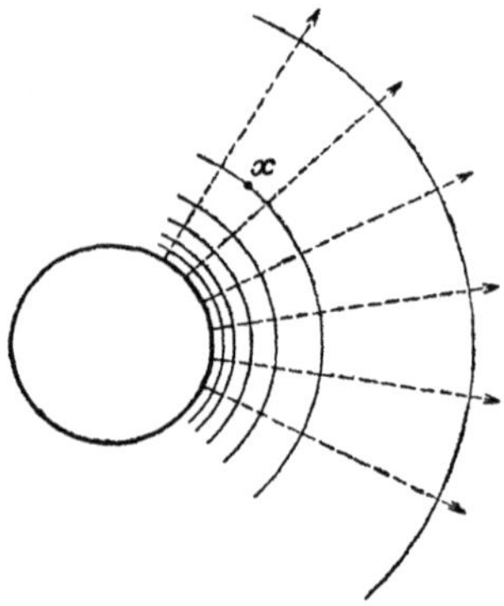


Abb. 2.

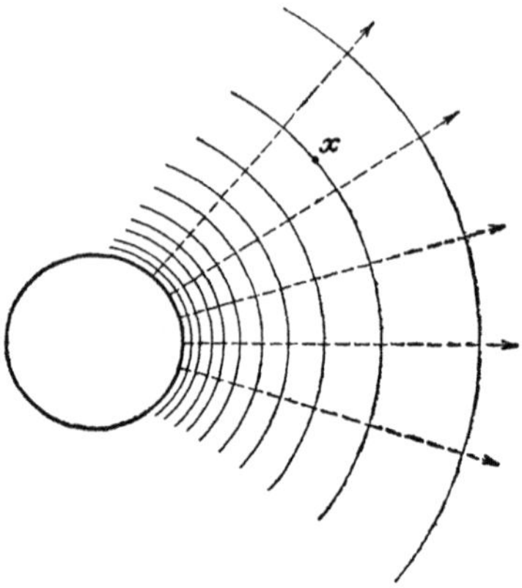


Abb. 3.

## 2. Das elektrische Feld eines geladenen Kreiszylinders.

Wir wollen nun die gleichen Versuchsreihen ausführen, wenn das Feld von einem anderen Feldträger herrührt, und zwar wählen wir einen sehr langen *Hohlzylinder* aus Metall, den wir an Stelle der Hohlkugel auf dem Glasgestell befestigen.

Wir finden für die mittleren Partien des Zylinders, also in genügender Entfernung von den Enden desselben:

Die auf die Probekugel wirkende Kraft nimmt umgekehrt proportional mit der Entfernung von der Zylinderachse ab (Abb. 1, Kurve b); die Niveauflächen sind konzentrische Zylinder. Im Innern des Zylinders wirkt auch hier keine Kraft auf die Probekugel.

Die vorigen Ergebnisse der zweiten Versuchsreihe werden bestätigt: die Kräfte sind den Ladungen des Zylinders proportional.

Die dritte Versuchsreihe ergibt, daß die Kraftlinien Strahlen sind, welche auf der Oberfläche des Zylinders senkrecht stehen und die Niveauflächen senkrecht durchstoßen (Abb. 3). Um die Richtung der Kraft anzugeben, sind die Kraftlinien mit Pfeilen versehen.

## 3. Das elektrische Feld einer geladenen Ebene.

Als letzten Feldträger, dessen Feld wir untersuchen wollen, wählen wir eine große ebene *Metallplatte*.

Für die mittleren Partien der Platte, also in genügender Entfernung von den Rändern, finden wir:

Die Kräfte auf die Probekugel sind überall gleich, sie sind unabhängig von der Entfernung von der Ebene.

Die Ergebnisse der zweiten Versuchsreihe werden auch hier wieder bestätigt: die Kräfte sind der Größe der Ladung proportional.

Die dritte Versuchsreihe ergibt, daß die Kräfte senkrecht auf der Oberfläche der Ebene stehen (Abb. 4 a u. b). In der Abbildung sind die Kraftlinien eingezeichnet; es ist in Abb. b angenommen, daß die Platte entgegengesetzt geladen sei wie im Falle Abb. a.

Damit haben wir die drei Grundformen von Feldträgern untersucht, aus denen sich fast alle Anordnungen der Hochspannungstechnik aufbauen.

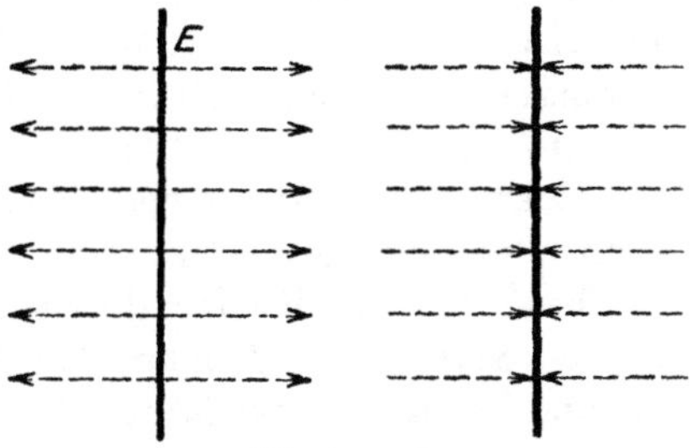


Abb. 4 a u. b.

---

Bisher haben wir die Versuche in Luft ausgeführt. Es ist aber sehr wichtig zu erfahren, wie sich die Versuchsresultate gestalten, wenn die Feldträger sich in einem anderen Medium (Dielektrikum) befinden. Die Methode der Untersuchung des elektrischen Feldes, die wir bis jetzt angewandt haben, ist natürlich nur bei gasförmigen und flüssigen Medien möglich.

Führen wir die Versuche z. B. unter Öl aus, so finden wir die vorher aufgestellten Gesetze qualitativ bestätigt; quantitativ ist jedoch ein Unterschied. Es zeigt sich, daß die Kräfte auf die Probekugel in allen anderen Medien kleiner sind als in Luft. Die Zahl $\varepsilon$, welche angibt, um wieviel die Kräfte kleiner sind, nennt man Dielektrizitätskonstante.

Wir werden später sehen, daß man diese Konstante auch durch Kapazitätsmessungen ermitteln kann. Für die Dielektrizitätskonstante $\varepsilon$ der verschiedenen Materialien sind die im Anhang angegebenen Werte ermittelt worden.

## B. Das elektrische Feld.

### 1. Die elektrische Feldstärke.

Ehe wir weitere Folgerungen aus den Versuchsergebnissen ziehen, ist es zweckmäßig, wenn wir uns eine Vorstellung über die Mechanik der geschilderten Kraftwirkung bilden. Wir schließen uns dabei natürlich an die Vorstellung an, die man sich in der Physik darüber bereits gemacht hat.

Es ist bemerkenswert, daß man sich die Mechanik der Vorgänge in zweifacher Weise vorstellen kann.

Lange Zeit hat man die Vorgänge so erklärt, als ob die durch die Ladung des Körpers hervorgerufene Kraft gleichsam unter Überspringung des dazwischen liegenden Raumes direkt auf den zweiten Körper wirkt. Diese Art der Kraftwirkung nennt man Fernwirkung.

Man kann sich die Wirkungsweise der Kraft elektrischen Ursprungs auch so vorstellen, daß man annimmt, der Raum zwischen den beiden Körpern sei mit einem Medium angefüllt, welches die Wirkung zwischen den beiden Körpern vermittelt. Wir haben uns dieser Auffassung bereits angeschlossen, indem wir angenommen haben, daß durch die Ladung der Kugel der Raum um die Kugel, oder wie wir jetzt sagen, das vermittelnde umgebende Medium, in einen gewissen Zwangszustand versetzt wird. Welcher Art der Zwangszustand ist, der durch die elektrische Ladung hervorgerufen wird, ist uns nicht bekannt; wir können an eine Art elastischer Spannung denken.

Diese Art der Kraftwirkung nennt man Nahewirkung. Wie wir bereits wissen, nennt man den Raum, innerhalb dessen der Zwangszustand herrscht, elektrisches Kraftfeld oder kurz elektrisches Feld.

Für die Nahewirkungstheorie ergibt sich nun die Aufgabe, die Stärke des Zwangszustandes, die Stärke des elektrischen Feldes oder, wie man auch sagt, die Intensität des elektrischen Feldes zu bestimmen. Dies ist auf Grund der angestellten Versuche ohne weiteres möglich, indem man die Größe der Kraftwirkung als Maß für die Stärke des elektrischen Feldes annimmt.

Die Größe der Kraftwirkung können wir freilich nur dadurch bestimmen, daß wir, wie bisher, eine zweite elektrische Ladung, eine Probekugel, in das elektrische Feld bringen. Streng genommen erfährt aber dadurch das ursprüngliche Feld eine Störung; denn die Probekugel hat ja auch ein Feld, das sich dem zu messenden Feld überlagert. Die Kraftwirkung, die man mißt, ist also das Resultat der Wirkungen beider Felder, nicht aber die alleinige Wirkung des zu messenden Feldes.

Man kann sich aber denken, daß man die Ladung der Probekugel so klein wählt, daß die Störung des ursprünglichen Feldes unmerklich wird. Man kann dann als Feldstärke die Kraftwirkung bezeichnen, die das Feld auf eine sehr kleine Elektrizitätsmenge ausübt, dividiert durch diese Elektrizitätsmenge, oder wie man auch kurz, aber nicht ganz exakt sagt: Feldstärke ist gleich Kraft pro Einheitsladung. Dabei versteht man unter der Einheit der Ladung diejenige Ladung, welche auf eine gleich große in der Entfernung von 1 cm die Kraft von 1 Dyne ausübt.

Wir haben durch unsere Versuche bereits ein Mittel kennengelernt, mit dessen Hilfe wir das elektrische Feld auch bildlich darstellen können, nämlich die Kraftlinien. Es bleibt jetzt noch anzugeben, wie man durch das Zeichnen von Kraftlinien auch die Stärke des elektrischen Feldes zum Ausdruck bringen kann. Man ist dahin überein gekommen, daß man an den Stellen des Feldes, an welchen die Feldstärke „Eins" herrscht, 1 Kraftlinie pro 1 qcm Fläche zeichnet. Die Zahl der Kraftlinien $\mathfrak{E}$ pro 1 qcm ist also mit der Feldstärke identisch.

Denkt man sich nun eine punktförmige Ladung mit der Elektrizitätsmenge $Q = 1$, so ist nach obiger Definition die Feldstärke in der Entfernung von 1 cm gleich 1. Legen wir um diese punktförmige Ladung eine Kugelschale mit dem Radius 1 cm, so haben wir pro 1 qcm dieser Kugelschale $\mathfrak{E} = 1$ Kraftlinie zu zeichnen. Durch die ganze Kugelschale gehen dann $\int \mathfrak{E}\, df = 4\pi$ Kraftlinien, wobei $df$ ein Flächenelement bedeutet; denn die Oberfläche einer Kugel mit dem Radius 1 cm ist $4\pi$. Ist die punktförmige Ladung nicht gleich 1, sondern gleich $Q$, so wird

$$\int \mathfrak{E}\, df = 4\pi Q\,.$$

$\int \mathfrak{E}\, df$ nennt man den Kraftfluß durch die Fläche. Wir erweitern diese Gleichung noch, so daß sie für alle Dielektriken gilt; nach den Versuchsergebnissen können wir schreiben

$$\int \mathfrak{E}\, df = \frac{4\pi Q}{\varepsilon}\,.$$

Diese Gleichung stellt den sog. „Gaußschen Satz" dar; er lautet in Worten: Der Kraftfluß durch eine geschlossene Fläche ist gleich $\frac{4\pi}{\varepsilon}$ mal Summe der eingeschlossenen Ladungen.

Damit haben wir den Fundamentalsatz der elektrischen Festigkeitslehre gefunden; wir können die Gleichung sofort zur Berechnung der Feldstärken der vorher experimentell untersuchten Fundamentalanordnungen benützen, indem wir folgenden Kunstgriff anwenden:

Wenn die Feldstärke in irgendeinem Punkt berechnet werden soll, so legt man durch diesen Punkt eine Niveaufläche; auf dieser ist nach Definition $\mathfrak{E}$ konstant, die rechte Seite der Gleichung geht also über in

$$\int \mathfrak{E}\, df = \mathfrak{E} \int df\,,$$

und man erhält für $\mathfrak{E}$

$$\mathfrak{E} = \frac{4\pi Q}{\varepsilon \cdot \int df}\,,$$

unsere Aufgabe besteht also lediglich in der Ausführung der Flächenintegration $\int df$. Durch die folgenden Beispiele wird das Verfahren noch näher erläutert.

**a) Berechnung der Feldstärke in der Umgebung einer geladenen Kugel.**

Eine Kugel mit dem Radius $R$ sei mit der Elektrizitätsmenge $Q$ geladen. Die Feldstärke im Punkt $X$ der Umgebung der Kugel ist zu bestimmen.

Durch den Punkt $X$ denken wir uns eine konzentrische Kugelschale gelegt (Abb. 2) mit dem Radius $x$. Auf dieser Fläche ist die Feldstärke konstant; denn sie ist nach unseren Versuchen eine Niveaufläche. Der Kraftfluß durch die Kugelschale ist

$$\mathfrak{E}\int df = \mathfrak{E}\cdot 4\,\pi\,x^2\,.$$

Nach obiger Gleichung ist dies gleich $\frac{4\,\pi\,Q}{\varepsilon}$;

also

$$\mathfrak{E}\cdot 4\,\pi\,x^2 = \frac{4\,\pi\,Q}{\varepsilon};$$

daraus ergibt sich

$$\mathfrak{E} = \frac{Q}{\varepsilon\,x^2};$$

d. h. die Feldstärke nimmt mit dem Quadrat der Entfernung $x$ vom Kugelmittelpunkt ab. Sie ist ein Maximum für den kleinstmöglichen Wert von $x$, also für $x = R$. Dieses Resultat stimmt mit unseren Versuchsergebnissen überein. In Abb. 1 ist der Verlauf der Feldstärke bildlich dargestellt (Kurve $a$).

Dasselbe Resultat für die Verteilung der Feldstärke außerhalb der Kugel hätten wir auch erhalten, wenn wir die Ladung $Q$ im Mittelpunkt der Kugel angenommen hätten. Daraus können wir schließen, daß es für die Feldverteilung in der Umgebung der Kugel gleichgültig ist, ob wir uns die Ladung auf der Kugel selbst verteilt oder in ihrem Mittelpunkt konzentriert denken.

**b) Berechnung der Feldstärke in der Umgebung eines geladenen Zylinders.**

Ein Kreiszylinder mit dem Radius $R$ und der Länge $l$ sei mit der Elektrizitätsmenge $Q$ geladen (Abb. 3). Die Ladung pro Längeneinheit des Zylinders ist also

$$\sigma = \frac{Q}{l};$$

Die Feldstärke im Punkt $X$ der Umgebung des Zylinders ist zu berechnen.

Wir legen durch den Punkt $X$ einen koaxialen Kreiszylinder mit dem Radius $x$ und der Länge $d\,l$ und berechnen den Kraftfluß durch diesen Zylinder. Die Fläche $2\,\pi x\cdot d\,l$ ist nach unseren Versuchsergebnissen eine Niveaufläche. Der Kraftfluß durch diese Fläche ist

$$\mathfrak{E}\int df = \mathfrak{E}\cdot 2\,\pi\,x\cdot d\,l\,.$$

Es ist noch der Kraftfluß durch die beiden Seitenscheiben des Zylinders zu berechnen. Wir wissen von unseren Versuchen her, daß die Kraftlinien Strahlen sind, die von der Zylinderachse ausgehen und senkrecht auf der Oberfläche des Zylinders stehen. Die beiden Seitenscheiben werden also von keinen Kraftlinien durchstoßen, es ist demnach für sie $\mathfrak{E}$ und damit auch $\mathfrak{E}\int df = 0$. Der gesamte Kraftfluß durch die Niveaufläche wird dargestellt durch $\mathfrak{E} \cdot 2\,x\,\pi \cdot d\,l$. Es ist also

$$\mathfrak{E} \cdot 2\,x\,\pi \cdot d\,l = \frac{4\,\pi\,Q}{\varepsilon};$$

daraus

$$\mathfrak{E} = \frac{4\,\pi\,Q}{\varepsilon \cdot 2\,x\,\pi \cdot d\,l}.$$

Die von der Niveaufläche eingeschlossene Ladung ist aber

$$Q = \sigma \cdot d\,l;$$

substituiert man diesen Wert, so wird

$$\mathfrak{E} = \frac{2\,\sigma}{\varepsilon\,x}.$$

Die Feldstärke nimmt umgekehrt proportional mit der Entfernung $x$ von der Achse des Zylinders ab. Sie ist ein Maximum für das kleinstmögliche $x$, also für $x = R$ (Abb. 1, Kurve b).

Zu denselben Resultaten wären wir gelangt, wenn wir uns die Ladung auf die Achse des Zylinders verteilt gedacht hätten (linienhaft verteilte Ladung). Für die Verteilung der Feldstärke außerhalb des Zylinders ist es also gleichgültig, ob wir die Ladung auf der Oberfläche des Zylinders verteilt oder auf seine Achse konzentriert denken. Man nennt die linienhaft verteilte Ladung oft „elektrische Achse". Beim geladenen Zylinder fällt demnach die geometrische und elektrische Achse zusammen.

**c) Berechnung der Feldstärke in der Umgebung einer geladenen Ebene.**

Eine ebene Metallplatte sei mit der Elektrizitätsmenge $\sigma$ pro qcm Fläche geladen. Die Feldstärke in der Umgebung der Platte ist zu bestimmen.

In Abb. 4 bedeutet $E$ die Ebene. Wir errichten beiderseits derselben und senkrecht zu ihr zwei kleine Zylinder von der Höhe $x$ und den Endflächen $e$. Nach den früheren Versuchsergebnissen stehen die Kraftlinien senkrecht zur Oberfläche der Ebene. Zum Flächenintegral $\mathfrak{E}\int df$ tragen also nur die beiden Flächen $e$ etwas bei, und zwar wird

$$\mathfrak{E}\int df = \mathfrak{E} \cdot 2\,e;$$

Die von den Zylindern umschlossene Ladung ist $e \cdot \sigma$; nach dem Gaußschen Satz ist

$$\mathfrak{E} \cdot 2\,e = \frac{4\,\pi \cdot e \cdot \sigma}{\varepsilon};$$

daraus

$$\mathfrak{E} = \frac{2\,\pi\,\sigma}{\varepsilon},$$

d. h. die Feldstärke ist konstant und von der Entfernung $x$ von der Ebene unabhängig. Ein solches Feld wird homogenes Feld genannt.

Aus diesen Beispielen ersehen wir, daß man mit Hilfe des Gaußschen Satzes die Aufgabe, die Feldstärke zu ermitteln, lösen kann.

Für den praktischen Gebrauch sind die Lösungen in der bisher entwickelten Form nicht bequem; denn wir kennen meist nicht die Ladungen $Q$ der Körper, sondern die angelegte Spannung und die Dimensionen der Anordnungen. Unsere nächste Aufgabe ist also, den Zusammenhang dieser Größen mit der Ladung $Q$ zu ermitteln. Hierzu müssen wir zwei neue Begriffe einführen: das Potential und die Kapazität.

## 2. Das Potential.

Auf Grund der aus den Versuchen gewonnenen Resultate können wir noch mehr über das elektrische Feld aussagen. Bei den gewählten Versuchsbedingungen ist zwischen dem Feldträger und der Probekugel eine abstoßende Kraft aufgetreten. Um die Probekugel in das elektrische Feld, d. h. in die Nähe des Feldträgers zu bringen, ist also eine gewisse Arbeit notwendig; denn nach der bekannten Definition ist

$$\text{Kraft} \times \text{Weg} = \text{Arbeit}.$$

Je näher wir den Probekörper an den Feldträger heranbringen, eine um so größere Arbeit muß dabei aufgewendet werden. Jeder Stelle $X$ des elektrischen Feldes kommt also ein Arbeitswert zu; man sagt, jeder Punkt des elektrischen Feldes besitzt ein Potential. Man hat sich nun noch darüber zu einigen, von wo ab die Kugel hereingebracht werden soll; denn sonst wäre das Potential kein eindeutiger Wert. Man ist übereingekommen, unter Potential (auch Spannung der Elektrizität genannt) diejenige Arbeit zu verstehen, welche aufgebracht werden muß, um die Probekugel von einer Stelle mit der Feldstärke 0 (oder aus dem Unendlichen) bis an den betreffenden Punkt zu bringen, dividiert durch die Ladung der Probekugel.

Im folgenden werden wir sehr häufig mit Potentialdifferenzen zweier Punkte 1 und 2 (Spannung zwischen den beiden Punkten) zu rechnen haben. Der Name sagt bereits, was darunter zu verstehen ist: Die Differenz zwischen den Potentialen der beiden Punkte. Zum gleichen Wert der Potentialdifferenz kommen wir auch, wenn wir nicht zuerst die Potentiale der beiden Punkte ermitteln und dann deren Differenz bilden, sondern wenn wir die Arbeit bestimmen, die aufzuwenden ist, um, kurz gesagt, die Einheit der Elektrizitätsmenge von 2 nach 1 zu schaffen.

Zur Berechnung der Potentialdifferenz nehmen wir der Einfachheit halber an, daß die beiden Punkte 1 und 2 mit der Entfernung $x$ voneinander auf einer Kraftlinie eines homogenen Feldes liegen. Die Feldstärke $\mathfrak{E}_1$ im Punkt 1 ist dann gleich der Feldstärke $\mathfrak{E}_2$ im Punkt 2; also

$$\mathfrak{E}_1 = \mathfrak{E}_2 = \mathfrak{E} .$$

Um die Einheit der Ladung von 2 nach 1 zu schaffen, ist die Arbeit $-\mathfrak{E} \cdot x$ notwendig. Das negative Vorzeichen muß deshalb gewählt werden, weil die Arbeit gegen die von 1 nach 2 gerichtete elektrische Kraft aufgewendet werden muß. Nach obigem ist, wenn mit $V_1$, $V_2$ die Potentiale der Punkte 1 und 2 bezeichnet werden,

$$-\mathfrak{E} \cdot x = V_1 - V_2 ;$$

daraus

$$\mathfrak{E} = -\frac{V_1 - V_2}{x} = \frac{V_2 - V_1}{x} .$$

Ist das elektrische Feld mit dem Orte veränderlich (nichthomogenes Feld), so ist die angestellte Betrachtung nur für einen sehr kleinen Abstand $d\,x$ der beiden Punkte gültig. Ist die Potentialdifferenz der beiden Punkte $dV$, so geht die letzte Gleichung über in

$$\mathfrak{E} = -\frac{dV}{dx} .$$

In Worten lautet dieser Satz:

Die elektrische Feldstärke ist gleich der Abnahme des Potentiales pro Längeneinheit.

Damit haben wir eine sehr wichtige Beziehung zwischen Feldstärke und Potential gefunden. Ist die Feldstärke bekannt, so können wir mit Hilfe dieser Gleichung das Potential berechnen; denn es ist

$$V = -\int \mathfrak{E} \cdot dx .$$

Mit Hilfe der Probekugel können wir das Potential für jeden Punkt in der Umgebung eines geladenen Körpers bestimmen. Führt man dies durch, so findet man, daß es Punkte gleichen Potentials gibt. Durch diese können wir eine Fläche legen, und diese Fläche nennt man Niveaufläche. Unter Niveauflächen versteht man also Flächen gleichen Potentials.

Das Potential bzw. die Potentialdifferenz wird je nach dem gewählten Maßstab in elektrostatischen Einheiten oder in praktischen Einheiten (d. i. in Volt) gemessen. Beim Übergang von einem Maßsystem zum andern hat man zu beachten, daß

1 elektrostatische Einheit der Spannung = 300 praktische Einheiten.

Wird die Potentialdifferenz in Volt gemessen, dann hat die Feldstärke (Beanspruchung, Durchschlagfestigkeit) die Dimension Volt pro Zentimeter ($x$ in cm gemessen).

### 3. Die Kapazität.

Wir berechnen das Potential einer mit der Elektrizitätsmenge $Q$ geladenen Kugel, deren Radius $R$ ist.

Nach der entwickelten Gleichung ist

$$V = -\int \mathfrak{E}\, d x .$$

Für die Kugel ist

$$\mathfrak{E} = \frac{Q}{\varepsilon x^2} ;$$

also wird $V$

$$V = -\int_{x=\infty}^{x=R} \mathfrak{E} \cdot d x = \frac{Q}{\varepsilon R} ,$$

wenn wir von $x = \infty$ bis $x = R$ integrieren.

Bilden wir $\frac{Q}{V}$, so wird

$$\frac{Q}{V} = \varepsilon R = C .$$

Die Ladung pro Potentialeinheit $\frac{Q}{V} = C$ nennt man die Kapazität der Kugel (Fassungsvermögen). Wie die Gleichung zeigt, ist die Kapazität außer von der Dimension des Körpers nur noch von der Dielektrizitätskonstante des Mediums abhängig. Wird $R$ in cm gemessen, so erhält man $C$ ebenfalls in cm (elektrostatisches Maß). Als praktische Einheit gilt das Farad bzw. Mikrofarad; es ist

$$1 \text{ Farad} = 9 \cdot 10^{11} \text{ cm};$$
$$1 \text{ Mikrofarad} = 10^{-6} \text{ Farad}.$$

Dadurch, daß wir die Dimensionen einer Anordnung ungeändert lassen, das eine Mal aber Luft und das andere Mal ein anderes Material als Isolierstoff wählen, können wir die Dielektrizitätskonstante des Isolierstoffes bestimmen, indem wir die Kapazitäten durch Messung miteinander vergleichen.

## C. Die Beanspruchung der Isoliermaterialien im elektrischen Feld.

Im folgenden soll kurz erläutert werden, wie man sich die Beanspruchung der Isoliermaterialien im elektrischen Feld vorzustellen hat, und zwar müssen wir dabei unterscheiden zwischen 1. gasförmigen und

2. festen und flüssigen Isolierstoffen. Im Anschluß daran soll 3. die Wirkung der statischen und der Wechselfelder auf die Isoliermaterialien besprochen werden.

## 1. Gasförmige Isolierstoffe.

Wenn in einem von Gasen (z. B. Luft) erfüllten Raum ein elektrisches Feld erzeugt wird, tritt ein Strömen von Elektrizität ein, und zwar stellt man sich vor, daß die Elektrizitätsleitung durch Bewegung positiver und negativer Teilchen, Ionen genannt, vermittelt wird. Die Bewegung der Ionen erfolgt unter dem Einfluß des elektrischen Feldes, und zwar wandern die +-Teilchen zur —-Elektrode und umgekehrt. Die auf den Elektroden angehäufte Ladung wird dadurch zum Teil ausgeglichen, es muß also Strom in den Zuleitungen nachfließen. Dabei ist offenbar Voraussetzung, daß in dem zwischen den Elektroden sich befindlichen Raum von vornherein Ionen vorhanden waren. Im allgemeinen ist dies aber nur in ganz geringem Maße der Fall, es kann also der Strom nur sehr schwach sein.

Die Physik lehrt, daß man durch Bestrahlung der Gasstrecke mit Röntgen- oder ultravioletten Strahlen neutrale Gasteilchen in positive und negative Ionen zerspalten kann. „Ionisiert" man also auf diese Weise die Gasstrecke, so wird dadurch offenbar der Strom verstärkt; inwieweit dies geschehen kann, hängt lediglich von der Stärke des Ionisators ab. Da die Strömung hierbei nicht von selbst zustande kommt, spricht man von einer unselbständigen Strömung.

Man kann aber auch in anderer Weise die Strömung verstärken, und dieser Fall ist für uns der wichtigere. Wenn man nämlich die Potentialdifferenz zwischen den Elektroden und damit das elektrische Feld der Gasstrecke über ein gewisses Maß verstärkt, so werden die wenigen Ionen, die vorhanden sind, auf eine große Geschwindigkeit beschleunigt und erhalten dadurch eine solche Wucht, daß sie beim Anprall auf ein neutrales Gasteilchen dieses in Ionen spalten können. Diese neuerzeugten Ionen, die durch den Anprall ebenfalls auf eine große Geschwindigkeit gebracht werden, treffen auch ihrerseits auf neutrale Gasteilchen und zerspalten diese in Ionen: es entsteht ein lawinenartig anwachsender Strom von Ionen, die Gasstrecke wird durchschlagen, und zwar entweder in Form von Glimm- oder Büschel-Lichterscheinungen oder in Form einer Funkenentladung (Lichtbogen). Diese Art der Strömung nennt man selbständige Strömung (Theorie der Stoßionisierung).

Zum Zerspalten von neutralen Gasteilchen ist natürlich eine ganz bestimmte Kraft notwendig; daraus können wir schließen, daß die Ionen auf eine ganz bestimmte Mindestgeschwindigkeit beschleunigt werden müssen, wozu wieder eine ganz bestimmte Mindestspannung, eine ganz bestimmte Feldstärke notwendig ist.

Diese Feldstärke ist für die einzelnen Gase durch Versuche bestimmt worden, für Luft beträgt sie etwa 29 000 Volt pro 1 cm Luftstrecke.

Daraus können wir den sehr wichtigen Schluß ziehen, daß man umgekehrt, d. h. wenn man den Durchschlag der Gasstrecke vermeiden will, die Feldstärke nicht über ein gewisses Maß treiben darf, bei Luft nicht über etwa 29 000 Volt pro 1 cm.

Wie man im Maschinenbau die Materialien nicht bis zur Bruchgrenze beansprucht, sondern je nach Art und Zweck der Konstruktion mehr oder weniger darunter bleibt, so darf man auch bei den Hochspannungskonstruktionen die Beanspruchung nicht bis zur Bruchgrenze treiben; wie weit man darunter bleiben soll, hängt auch hier von der Art und dem Zweck der Anordnung ab (Sicherheitsfaktor).

## 2. Flüssige und feste Isoliermaterialien.

Während man in die Vorgänge, die den Durchschlag bei Gasen einleiten, durch die Ionentheorie einen sehr klaren Einblick gewonnen hat, sind unsere Kenntnisse über die Vorgänge bei den flüssigen und festen Isolierstoffen noch sehr gering. Man vermutet, daß bei der Einleitung des Durchschlags chemische Vorgänge eine große Rolle spielen.

Maxwell hat für die Vorgänge beim Durchschlag folgenden anschaulichen Vergleich aufgestellt:

„Wenn wir die Verdrehung eines Drahtes einerseits und den Durchgang der Elektrizität durch einen Körper andererseits betrachten, so wird das Moment des Kräftepaares, welches den Draht verdreht, der elektromotorischen Kraft entsprechen, welche auf den Körper wirkt, und der Winkel, mit welchem der Draht tortiert wird, entspricht der elektrischen Verschiebung[1]). Falls der Draht, nachdem die Kraft entfernt ist, wieder in seine frühere Gestalt zurückkehrt und vollständig umtortiert wird, nennt man ihn elastisch. Ein solcher Draht entspricht einem Dielektrikum, welches bei der angewandten elektromotorischen Kraft als vollkommener Isolator wirkt. Wächst das tortierende Kräftepaar über eine gewisse Grenze hinaus, so gibt der Draht nach und zerreißt. Dies entspricht der disrupten Entladung und die absolute Festigkeit des Drahtes entspricht der größten Feldstärke, welche das Dielektrikum aushalten kann. Wir können sie seine elektrische Festigkeit nennen."

Wenn uns nun auch die Vorgänge beim Durchschlag nicht genau bekannt sind, so kennen wir doch mehrere Einflüsse, welche die Durchschlagspannung eines Materials beeinflussen oder beim Durchschlag selbst eine große Rolle spielen. Hier ist in erster Linie die Wärme zu nennen, und zwar hat man sich den Einfluß der Erwärmung in folgender Weise vorzustellen:

---

[1]) Verschiebung von Elektrizitätsmengen im Dielektrikum.

Es gibt kein Dielektrikum, das ein vollständiger, idealer Isolator wäre, jedes Isoliermaterial weist einen endlichen Widerstand auf. Allen Isoliermaterialien haftet nun die Eigenschaft an, daß der Isolationswiderstand mit zunehmender Temperatur rasch abnimmt, die Isoliermaterialien besitzen einen negativen Temperaturkoeffizienten. Außerdem scheint der Widerstand auch noch von der Stärke des elektrischen Feldes abhängig zu sein, und zwar nimmt er mit zunehmender Feldstärke ab.

Wird also an einer Stelle des Isoliermaterials auf irgendwelche Weise, z. B. durch die Jouleschen Verluste, Wärme erzeugt und ist die erzeugte Wärme größer als die nach außen hin abgestrahlte, so tritt ein labiler Zustand ein: das Material erwärmt sich, dadurch wird der Isolationswiderstand kleiner, der Strom wird größer, es wird dadurch noch mehr Wärme erzeugt, der Isolationswiderstand wird noch kleiner usf., schließlich verbrennt oder schmilzt das Material an der am meisten erhitzten Stelle, der Durchschlag tritt ein.

Zur Erwärmung des Materials können verschiedene Ursachen führen. Je nach der Größe des Isolationsstromes kann die Joulesche Wärme allein schon zum Durchschlag führen. Bei den meisten Materialien kommt als zweite Ursache noch die Erwärmung infolge der Verluste durch die Umelektrisierung des Materials im Wechselfeld hinzu (dielektrische Verluste). Auf diese Verluste soll hier nicht näher eingegangen werden; sie kommen durch die „Nachwirkung“ zustande und diese selbst ist eine Folge der Inhomogenität des Materials („geschichtetes“ Dielektrikum). Als dritte Ursache für die Erwärmung kann noch die Übertragung der Wärme von anderen Konstruktionsteilen hinzukommen. Meist werden die Verhältnisse so liegen, daß nicht das ganze Isoliermaterial gleichmäßig erwärmt wird, es werden sich vielmehr infolge ungleichmäßiger Beanspruchung nur einzelne Stellen unzulässig erwärmen, so daß der Durchschlag durch lokale Erwärmung eingeleitet wird. Diese kann sich deshalb leicht ausbilden, weil die Isoliermaterialien schlechte Wärmeleiter sind.

Bei der Ermittlung der Durchschlagfestigkeit sind wir vollständig auf das Experiment angewiesen. Je nach der Beschaffenheit des Materials muß man die Versuchsbedingungen so wählen, daß man den Einfluß der einzelnen Faktoren (Feuchtigkeit, Temperatur, Luftdruck usw.) kennenlernt.

Zum Schluß muß noch auf den schädlichen Einfluß des Ozons hingewiesen werden. In den weitaus meisten Fällen tritt vor der Überbeanspruchung des Materials dadurch Ozonbildung auf, daß in der umgebenden Luft Glimm- oder Büschelentladungen entstehen, die zur Ozonbildung Veranlassung geben; durch das Ozon werden Stickoxyde gebildet, welche das Isoliermaterial stark schädigen und zum vorzeitigen

Durchschlag führen. Das Ozon greift (oxydierend) auch ohne Bildung von Stickoxyden stark an, z. B. Gummi.

Was hier über die festen Isolierstoffe gesagt wurde, gilt auch für die flüssigen. Interessant ist, daß auch bei den flüssigen Isoliermaterialien (Transformatorenöle) Glimmentladungen auftreten können.

## 3. Statische und Wechselfelder.

Wir haben bis jetzt ganz allgemein von geladenen Körpern als Trägern des elektrischen Feldes gesprochen und haben die Frage offen gelassen, wie die Ladungen der Elektroden zustande kommen. Wir konnten annehmen, daß die Körper etwa durch Reibung elektrisiert wurden. In diesem Fall hätten wir es also mit sog. statischen Feldern zu tun. In der Hochspannung kommen aber die statischen Felder äußerst selten vor, man hat es fast ausschließlich mit Wechselfeldern zu tun.

Es besteht nun die Frage, ob die bis jetzt abgeleiteten Gesetze auch für die Wechselfelder gültig sind. Bei der Ableitung der Gesetze wurde über die Dauer des elektrischen Feldes nichts ausgesagt oder vorausgesetzt. Es ist anzunehmen, und die Erfahrung bestätigt diese Annahme, daß die Gesetze auch für kurzdauernde Felder Gültigkeit haben. Wir können die Maximalwerte der Wechselfelder — für diese müssen wir die Festigkeitsrechnungen durchführen — als kurzdauernde statische Felder auffassen; wir können also die Gesetze der statischen Felder auch auf die Wechselfelder anwenden. Nehmen wir an, daß wir es nur mit sinusförmigen Feldern zu tun haben, so können wir die Berechnungen für die Effektivwerte der Felder durchführen, und wir werden das im folgenden stets tun, wenn nicht ausdrücklich anderes erwähnt wird. Dabei ist natürlich Voraussetzung, daß auch die Durchschlagfestigkeit für Sinusfelder in effektiven Volt pro 1 cm bekannt ist.

Bezüglich der Durchschlagfestigkeit haben wir hingegen streng zu unterscheiden zwischen Durchschlagfestigkeit bei statischen und bei Wechselfeldern. Bei der Beanspruchung der Materialien mit Wechselfeldern macht sich gegenüber der Beanspruchung mit statischen Feldern noch eine Begleiterscheinung bemerkbar, welche die Durchschlagfestigkeit bei Wechselfeldern wesentlich herabsetzt: Durch die mit den Wechselfeldern verbundene Umelektrisierung der Materialien wird in diesen Wärme erzeugt (elektrische Hysteresisverluste), die, wie bereits erwähnt, die Durchschlagfestigkeit verschlechtert. Tatsächlich ergeben die Versuche, daß die Durchschlagfestigkeit bei statischen Feldern größer ist als bei Wechselfeldern; darüber werden wir noch später Näheres hören. Die Durchschlagfestigkeiten werden im folgenden stets für Wechselfelder angegeben, wenn nicht ausdrücklich anderes erwähnt wird.

# II. Berechnung der elektrischen Beanspruchung von Isoliermaterialen bei technisch wichtigen Anordnungen.

Zur Erklärung der Begriffe: Feldstärke, Potential und Kapazität haben wir die Fundamentalanordnungen untersucht: Geladene Kugel, Zylinder und Ebene. In der Hochspannungstechnik hat man es mit diesen Einzelanordnungen fast nie zu tun, die elektrischen Felder werden vielmehr immer von mehreren geladenen Körpern (Elektroden) hervorgerufen.

Bei der Fülle der Hochspannungskonstruktionen ist es verständlich, daß die Formen der geladenen Körper (Elektroden) und der Isolatoren eine große Mannigfaltigkeit aufweisen. Leider sind von allen Konstruktionen nur die der exakten Berechnung auf elektrische Festigkeit zugänglich, welche sich auf die Grundformen Kugel, Zylinder und Ebene zurückführen lassen. Haben die Elektroden eine andere Gestalt, so müssen wir uns mit Näherungsrechnungen begnügen.

Das bedeutet scheinbar eine große Einschränkung der praktischen Bedeutung der elektrischen Festigkeitsrechnung und wir befinden uns in dieser Hinsicht tatsächlich in der gleichen unangenehmen Lage, wie auf allen anderen Gebieten der Technik. In der Praxis kann man aber trotzdem die elektrische Festigkeitsrechnung nicht entbehren; denn nur durch die Kenntnis der Verhältnisse einfach gelagerter Fälle können wir einerseits den Blick und das Gefühl so schulen, daß wir auch schwierigere Fälle zu beherrschen imstande sind und andererseits lernen wir nur auf diese Weise technisch richtig zu konstruieren und unnötige Schwierigkeiten zu vermeiden.

Wir teilen die Hochspannungskonstruktionselemente in Gruppen ein, und zwar fassen wir in den einzelnen Gruppen jeweils die Anordnungen zusammen, für deren Berechnung auf elektrische Festigkeit die gleichen Gesichtspunkte maßgebend sind. Nach Ansicht des Verfassers ergeben sich dann folgende drei Gruppen:

A. **Einfache Anordnungen.** Diese bestehen aus zwei Elektroden der bekannten Grundformen und einem einheitlichen Dielektrikum. Wir können diese Anordnungen auch Zwei-Elektrodenanordnungen nennen.

B. **Zusammengesetzte Anordnungen.** Diese bestehen aus mehr als zwei Elektroden bzw. es müssen zu deren Berechnung mehr als zwei Elektroden angenommen werden; der Isolator kann aus mehreren Stoffen verschiedener Dielektrizitätskonstante bestehen. Wir können diese Anordnungen auch Mehr-Elektrodenanordnungen nennen.

C. **Beliebig gestaltete Anordnungen.** In diese Gruppe fallen alle Anordnungen mit Elektroden und Isolatoren beliebiger Form und Zusammensetzung.

## A. Einfache Anordnungen.

(Zwei-Elektrodenanordnungen.)

Die Anordnungen bestehen aus zwei Elektroden mit den Grundformen: Kugel, Zylinder oder Ebene und aus einem einheitlichen Dielektrikum. Wir können diesen Abschnitt mit Rücksicht auf die Berechnung wie folgt einteilen:

1. Fundamentalanordnungen.
2. Elektrische Bilder.
3. Kombinierte Anordnungen.

### 1. Fundamentalanordnungen.

Bei den Anordnungen, welche wir zu dieser Gruppe zusammenfassen, sind die Elektroden k o n z e n t r i s c h zueinander. Es gehören hierzu:

a) zwei konzentrische Kugeln;

b) zwei koaxiale Zylinder;

c) zwei parallele Ebenen.

Wir können die Anordnung „zwei parallele Ebenen" zur Gruppe der konzentrischen Anordnungen nehmen, da wir sie als konzentrische Zylinder mit unendlich großen Radien auffassen können.

Die Berechnung dieser Anordnungen gestaltet sich besonders einfach. Wie man bei den einzelnen Anordnungen leicht erkennen wird, bleibt nämlich die Ladungsverteilung auf den einzelnen Körpern davon unbeeinflußt, ob der zweite Ladungsträger vorhanden ist oder nicht. Daraus können wir schließen, daß die von den einzelnen Ladungsträgern herrührenden Felder und Potentiale einfach s u p e r p o n i e r t werden dürfen.

#### a) Zwei konzentrische Kugeln.

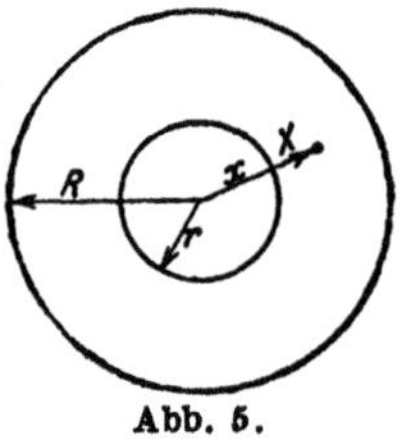

Abb. 5.

In Abb. 5 ist der Querschnitt der beiden Kugeln dargestellt. Die innere Kugel $A$ mit dem Radius $r$ sei mit der Elektrizitätsmenge $+Q$, die äußere Kugel $B$ mit dem Radius $R$ mit der gleichgroßen Menge $-Q$ geladen.

Unter Benützung der früher abgeleiteten Gesetze erhalten wir:

Die Feldstärke in einem Punkte $X$ mit der Entfernung $x$ vom Mittelpunkte ist

1. von $A$ allein herrührend

$$\mathfrak{E}_A = \frac{Q}{\varepsilon x^2};$$

2. von $B$ allein herrührend

$$\mathfrak{E}_B = 0;$$

denn nach unseren Versuchen ist die Feldstärke im Innern von Metallkörpern gleich Null. Das im Innern vorhandene Feld rührt also von $A$ allein her.

Die resultierende Feldstärke erhalten wir durch Superposition zu

$$\mathfrak{E}_x = \mathfrak{E}_A + \mathfrak{E}_B = \frac{Q}{\varepsilon x^2}.$$

Da $\mathfrak{E} = -\frac{dV}{dx}$ ist, können wir das Potential im Punkte $X$ berechnen.

Das Potential im Punkte $X$ ist

1. von $A$ allein herrührend

$$V_A = -\int \frac{Q}{\varepsilon x^2} \cdot dx = \frac{Q}{\varepsilon x} + \text{konst.}$$

2. von $B$ allein herrührend

$$V_B = \text{konst.}$$

Das resultierende Potential ist

$$V_x = V_A + V_B = \frac{Q}{\varepsilon x} + \text{konst.}$$

Es mag auf den ersten Blick sonderbar erscheinen, daß das von $B$ allein herrührende Potential im Punkt $X$ nicht gleich Null ist. Nehmen wir an, das Potential innerhalb der Kugel $B$ wäre nicht konstant, sondern kleiner (z. B. $= 0$) als das Potential der Kugel, so müßte man innerhalb der Kugel Niveauflächen zeichnen können, es müßten Kraftlinien von der Kugelschale nach den Niveauflächen verlaufen, die Feldstärke im Innern der Kugel $B$ wäre also nicht gleich Null, was den Versuchsergebnissen widerspricht.

Wir kennen jetzt das resultierende Potential in irgendeinem Punkte $X$; wir verlegen nun den Punkt $X$

1. an die Oberfläche der inneren Kugel; dann ist

$$V_{x=r} = \frac{Q}{\varepsilon r} + \text{konst.}$$

2. an die innere Oberfläche der äußeren Kugel; dann ist

$$V_{x=R} = \frac{Q}{\varepsilon R} + \text{konst.}$$

Die Potentialdifferenz zwischen $A$ und $B$ ist also

$$P = V_{x=r} - V_{x=R} = \frac{Q}{\varepsilon}\left(\frac{1}{r} - \frac{1}{R}\right);$$

$$= \frac{Q}{\varepsilon}\,\frac{R-r}{rR}.$$

Nach unseren früheren Ableitungen ist

$$\frac{Q}{P} = C.$$

Wir erhalten also für die Kapazität des Kugelkondensators

$$C = \frac{\varepsilon \cdot r \cdot R}{R-r}.$$

Für den Spezialfall $R =$ unendlich, d. h. für eine Kugel allein ist die Kapazität

$$C = \varepsilon r.$$

Für $\varepsilon = 1$ (in Luft) ist also die Kapazität der Kugel gleich dem Radius.

Wir separieren die obige Gleichung nach $Q$

$$Q = P\frac{\varepsilon r R}{R-r}$$

und setzen diesen Wert in die Gleichung für die resultierende Feldstärke ein, dann wird

$$\mathfrak{E}_x = P\frac{rR}{(R-r)\,x^2}.$$

Damit ist uns die Beanspruchung des Isoliermaterials bei gegebenen Abmessungen bekannt. Wie bei allen Festigkeitsrechnungen interessiert uns am meisten Ort und Höhe der maximalen Beanspruchung. Aus der Gleichung ist ersichtlich, daß die Beanspruchung für das kleinstmögliche $x$, also für $x = r$ am größten wird, nämlich

$$\mathfrak{E}_{\max} = P\frac{R}{(R-r)\,r}.$$

Wir erhalten also beispielsweise für die Beanspruchung (Feldstärke) eines Kugelkondensators, an dessen Elektroden die Potentialdifferenz 10 000 Volt herrscht,

$$\mathfrak{E}_x = \frac{10000}{300}\cdot\frac{rR}{(R-r)x^2}\left(\frac{\text{elektrostatische Einheiten}}{\text{cm}}\right);$$

oder in Volt pro cm

$$\mathfrak{E}_x = \frac{10000}{300}\cdot 300\,\frac{rR}{(R-r)x^2}\left(\frac{\text{Volt}}{\text{cm}}\right);$$

d. h. will man die Beanspruchung in Volt pro cm haben, so braucht man die Umrechnung in elektrostatische Einheiten nicht vorzunehmen, die Potentialdifferenz kann direkt in Volt eingesetzt werden.

Die Anordnung „zwei konzentrische Kugeln" spielt in der Praxis keine große Rolle.

## b) Zwei konzentrische Zylinder.

Die beiden Kreise Abb. 5 seien nunmehr die Spuren zweier konzentrischer Zylinder in der Bildebene. Der innere Zylinder $A$ mit dem Radius $r$ sei mit der Elektrizitätsmenge $+Q$, der äußere Zylinder $B$ mit dem Radius $R$ mit der gleichgroßen Menge $-Q$ geladen.

Nach den früheren Darlegungen ist die Feldstärke in einem Punkte $X$ in der Umgebung des Zylinders

1. von $A$ allein herrührend

$$\mathfrak{E}_A = \frac{2Q}{\varepsilon l x};$$

2. von $B$ allein herrührend

$$\mathfrak{E}_B = 0;$$

die resultierende Feldstärke ist

$$\mathfrak{E}_x = \mathfrak{E}_A + \mathfrak{E}_B = \frac{2Q}{\varepsilon l x}.$$

Das Potential im Punkt $x$ ist

1. von $A$ allein herrührend

$$V_A = -\frac{2Q}{\varepsilon l} \lg n\, x + \text{konst.};$$

2. von $B$ allein herrührend

$$V_B = \text{konst.};$$

das resultierende Potential in $X$ ist

$$V_z = V_A + V_B = -\frac{2Q}{\varepsilon l} \lg n\, x + \text{konst.}$$

Damit kennen wir das Potential an einer beliebigen Stelle $X$. Wir verlegen nun $X$

1. an die Oberfläche des inneren Zylinders $A$; dann ist

$$V_{x=r} = -\frac{2Q}{\varepsilon l} \lg n\, r + \text{konst.}$$

2. an die innere Oberfläche des äußeren Zylinders $B$; dann ist

$$V_{x=R} = -\frac{2Q}{\varepsilon l} \lg n\, R + \text{konst.}$$

Die Potentialdifferenz $P$ zwischen $A$ und $B$ ist also

$$P = V_{x=r} - V_{x=R} = \frac{2Q}{\varepsilon l} \lg n \frac{R}{r}.$$

Da nach früherem

$$\frac{Q}{P} = C,$$

können wir aus der Gleichung für $P$ die Kapazität des Zylinderkondensators berechnen:

$$C = \frac{\varepsilon l}{2 \lg n \frac{R}{r}}.$$

Wir separieren die Gleichung für $P$ nach $Q$

$$Q = \frac{P \cdot \varepsilon l}{2 \lg n \frac{R}{r}}$$

und setzen diesen Wert in die Gleichung für die resultierende Feldstärke ein; wir erhalten dann für die Beanspruchung

$$\mathfrak{E}_x = -\frac{dV}{dx} = \frac{P}{x \lg n \frac{R}{r}} \text{ (Volt pro cm)}.$$

Den Ort und die Größe der maximalen Beanspruchung erhalten wir offenbar für den kleinsten Wert von $x$, also für $x = r$ zu

$$\mathfrak{E}_{\max} = \frac{P}{r \lg n \frac{R}{r}}.$$

Die Anordnung „zwei konzentrische Zylinder“ hat eine große praktische Bedeutung erlangt, wie nachfolgende Beispiele zeigen.

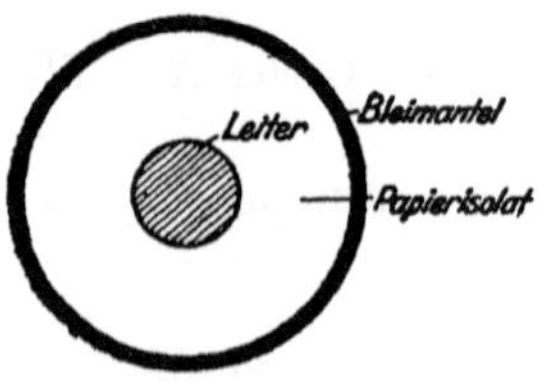

Abb. 6.

**Das Hochspannungskabel** bildet eine der wichtigsten technischen Anwendungen der Anordnung zweier konzentrischer Zylinder. Wir wollen die Festigkeitsrechnungen zunächst auf das Einleiterkabel anwenden. In Abb. 6 ist der Querschnitt des Kabels dargestellt; der innere Kreis bedeutet den Leiter, der äußere Kreis den Bleimantel. Wir nehmen die Isolierschicht als aus einem einheitlichen Stoff bestehend an, was bei der jetzt üblichen Papierisolation genügend genau zutrifft.

Nach obiger Rechnung tritt die Höchstbeanspruchung an der der Oberfläche des inneren Zylinders zunächst gelegenen Schicht ein und zwar ist sie

$$\mathfrak{E}_m = \frac{P}{r \operatorname{lgn} \frac{R}{r}}.$$

Wir nehmen die Durchschlagfestigkeit des Isoliermaterials zu $\mathfrak{E}_b = 50000 \frac{\text{Volt}}{\text{cm}}$ an; der Kabeldurchschlag tritt also ein, wenn

$$\mathfrak{E}_m = \mathfrak{E}_b$$

ist[1]). Wir wollen nun die Durchschlagspannungen $P_d$ berechnen für verschiedene Werte von $R$ und $r$ mit Hilfe obiger Gleichung, die wir nun in folgender Form schreiben

$$P_d = \mathfrak{E}_b \cdot r \operatorname{lgn} \frac{R}{r}.$$

Aus dieser Gleichung ist ersichtlich, daß $P_d$ bei konstantem $\frac{R}{r}$ proportional mit $r$ anwächst. In Abb. 7 ist die Durchschlagspannung $P_d$ als Funktion von $r$ aufgetragen für verschiedene Werte von $\frac{R}{r}$ (Strahlenbüschel mit $\frac{R}{r}$ als Parameter). Mit Hilfe dieses Strahlenbüschels kann man leicht folgende Aufgabe lösen: Es ist die Durchschlagspannung bei konstantem Außendurchmesser $R$ als Funktion von $r$ zu ermitteln.

Ist z. B. $R = 3$ cm, so muß sich die zu suchende Kurve mit der Geraden, deren Parameter z. B. $\frac{R}{r} = 3$ ist, schneiden im Punkt mit der Abszisse

$$r = \frac{R}{3} = \frac{3}{3} = 1.$$

In Abb. 7 sind auf diese Weise die Durchschlagspannungen als Funktion von $r$ ermittelt für die Radien $R = 1$ cm; $= 2$ cm; $= 3$ cm; $= 4$ cm. Aus dem Verlauf dieser Kurven, die man natürlich auch direkt mit Hilfe der obigen Gleichung hätte ermitteln können, sieht man, daß bei festgehaltenem Innendurchmesser des Kabelmantels (Bleimantels) die Durchschlagspannung zunächst mit zunehmendem $r$ anwächst, einen günstigsten Wert erreicht und dann wieder abnimmt. Es gibt also für jedes $R$ einen günstigsten Durchmesser des Innenleiters.

Der Verlauf der Kurven ist physikalisch ohne weiteres verständlich. Mit zunehmendem Durchmesser des Innenleiters nimmt die Feldstärke an der am meisten beanspruchten Stelle ab, d. h. zur Erzeugung der

---

[1]) Siehe hierüber auch im Abschnitt: Luftdurchführung.

Feldstärke $\mathfrak{E}_m = \mathfrak{E}_b$ ist bei zunehmendem Durchmesser des Innenleiters eine immer höher werdende Spannung nötig, die Durchschlagspannung $P_d$ muß also wachsen. Sie kann jedoch nicht unbegrenzt wachsen; denn mit zunehmendem $r$ nimmt bei festgehaltenem $R$ die Isolationsstärke immer mehr ab und wird für $r = R$ schließlich gleich Null.

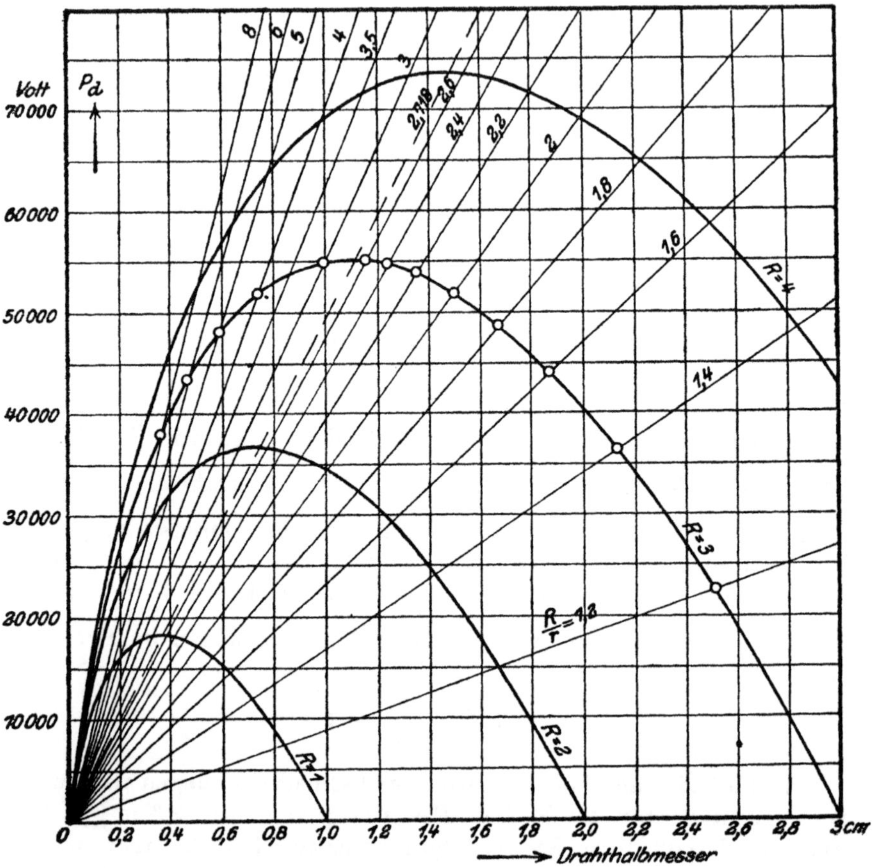


Abb. 7.

Die Kenntnis dieser Tatsache ist sehr wichtig; denn es wird dadurch die allgemeine Gültigkeit der vielfach verbreiteten Ansicht: „Je dicker die Isolation, um so höher die Durchschlagspannung“, widerlegt. Zu welcher Materialverschwendung die Nichtbeachtung der eben entwickelten Berechnungen führen kann, braucht nicht weiter auseinandergesetzt zu werden.

Den günstigsten Wert für $r$ können wir natürlich auch auf rechnerischem Wege finden. Wir brauchen nur die Gleichung für $P_d$ nach $r$

zu differenzieren und den Differentialquotienten gleich Null zu setzen (Maximumberechnung); es wird dann

$$\lg n \frac{R}{r} = 1 ;$$

daraus

$$\frac{R}{r} = e = 2{,}718 ;$$

also

$$r = \frac{R}{2{,}718} .$$

Da durch die Vergrößerung des Durchmessers des Leiters eine geringere Beanspruchung des Isolationsmaterials herbeigeführt wird, ist es vorteilhaft, den Leiter nicht als massiven Leiter, sondern als Seil auszuführen. Allerdings verliert dann die Formel für die Beanspruchung ihre Gültigkeit, weil die Oberfläche nicht mehr vollkommen kreisförmig ist; die Beanspruchung wird höher. Der Vorteil der Vergrößerung des Durchmessers geht also zum Teil wieder verloren. Man kann jedoch das Seil mit einem dünnen Bleimantel umgeben, wodurch die Oberfläche rund wird.

Da der Raum für den Leiter durch die elektrische Beanspruchung festgelegt ist, die, wie wir gesehen haben, große Durchmesser fordert, kann man auch schlechter leitende Materialien für den Leiter wählen, z. B. Aluminium, Zink, Eisen. Vielfach wickelt man dünne Drähte auf eine Hanfseele auf, um zu großen Durchmessern zu gelangen.

Welches von den angedeuteten Mitteln jeweils in Anwendung kommen soll, ist eine rein wirtschaftliche Frage; die Lösung derselben hängt von den Materialpreisen und Herstellungskosten ab.

In genau gleicher Weise wie die Einleiterkabel berechnet man auch das konzentrische Zweileiterkabel. Die Spannungen zwischen den Leitern und dem Mantel sind als bekannt anzunehmen (Abb. 8).

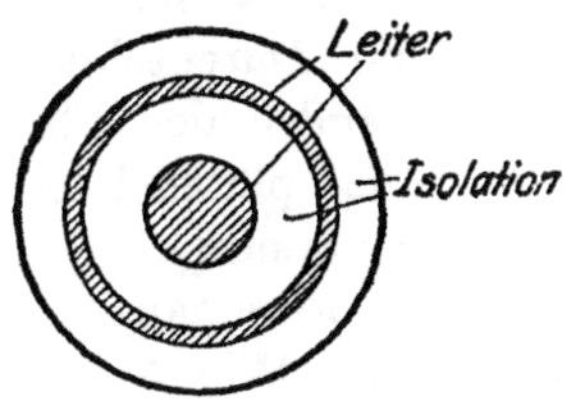


Abb. 8.

**Die Luftdurchführung** stellt ein weiteres wichtiges Beispiel für die praktische Anwendung der Zylinderanordnung dar. Sie dient beispielsweise dazu, einen spannungführenden Leiter aus dem Schalthaus ins Freie zu führen. Bei Anwendung von Luft als Isoliermittel — und mit solchen Durchführungen beschäftigen wir uns im folgenden — ordnet man einen Blechzylinder im Mauerwerk an, durch den der spannungführende Leiter konzentrisch durchgeführt wird. Die Ränder des Blechzylinders rundet man ab, um Randentladungen, von denen später die Rede sein wird, zu vermeiden. Der Leiter selbst wird zu beiden Seiten des Zylinders durch Stützisolatoren festgehalten.

Die Beanspruchung ist auch hier wieder ein Maximum auf der Oberfläche des Leiters, und zwar ist sie

$$\mathfrak{E}_m = \frac{P}{r \operatorname{lgn} \frac{R}{r}}\,.$$

Wie wir noch sehen werden, ist die höchstzulässige Beanspruchung der Luft etwa 21 000 Volt eff. pro 1 cm. Danach müßte man für die Durchschlagspannung $P_d$ als Funktion von $r$ wieder ähnliche Kurven erhalten wie beim Kabel. Versuche ergeben jedoch das merkwürdige Resultat, daß bei Verwendung von dünnen Drähten als Innenleiter die Durchschlagspannung wesentlich höher liegt, als die Theorie verlangt. Diese Erscheinung läßt sich nur dadurch erklären, daß die Durchschlagfestigkeit der Luft keine Unveränderliche ist, sondern vom Radius des Innenleiters abhängt. Diese auf den ersten Blick sonderbar erscheinende Annahme läßt sich mit Hilfe der Theorie der Stoßionisierung erklären.

Die Theorie der Stoßionisierung zeigt, wie die selbständige Strömung zustande kommt. Wir haben bei der Verfolgung dieser Vorgänge vorausgesetzt, daß eine genügende Weglänge vorhanden ist, um die Ionen auf die notwendige Geschwindigkeit zu beschleunigen; ist diese Weglänge nicht vorhanden, so erlangen die Ionen nicht die nötige Wucht, um neutrale Gasteilchen zu zertrümmern, es sei denn, daß wir das Feld noch weiter verstärken.

Tatsächlich zeigt auch ein Versuch, daß z. B. zwischen zwei Platten die Durchschlagspannung zunächst mit der Verkleinerung des Abstandes der Platten heruntergeht; von einer gewissen Grenze an ist aber plötzlich eine höhere Spannung zum Durchschlag der Luftstrecke notwendig.

Eine ganz ähnliche Erscheinung tritt bei der Entladung an Drähten auf. Wie Abb. 1, Kurve b zeigt, nimmt die Feldstärke mit dem Abstand von der Oberfläche des Drahtes rasch ab, und zwar ist die Abnahme bei dünnem Draht auf der gleichen Weglänge größer als bei dickem. Da nun eine gewisse mittlere Feldstärke zur Erzeugung der Stoßionisierung notwendig ist und da ferner diese Feldstärke auf der ganzen, zur genügenden Beschleunigung der Ionen notwendigen Weglänge („freie Weglänge") vorhanden sein muß, ist an dünnen Drähten offenbar eine größere Feldstärke zur Erzeugung der Stoßionisierung notwendig, als an dicken.

Wenn diese Erklärung richtig ist, muß diese Erscheinung in noch stärkerem Maße hervortreten bei Körpern, bei denen die Feldstärke noch rascher abnimmt als bei dünnen Drähten, also z. B. bei kleinen Kugeln. Die Versuche bestätigen diese Folgerung. In den beiden

Abb. 9 und 10 ist die Durchschlagfestigkeit der Luft als Funktion der Halbmesser 1. bei dünnen Drähten (Abb. 9) und 2. bei kleinen Kugeln (Abb. 10) dargestellt. Die erstgenannte Kurve ist der Abhandlung von

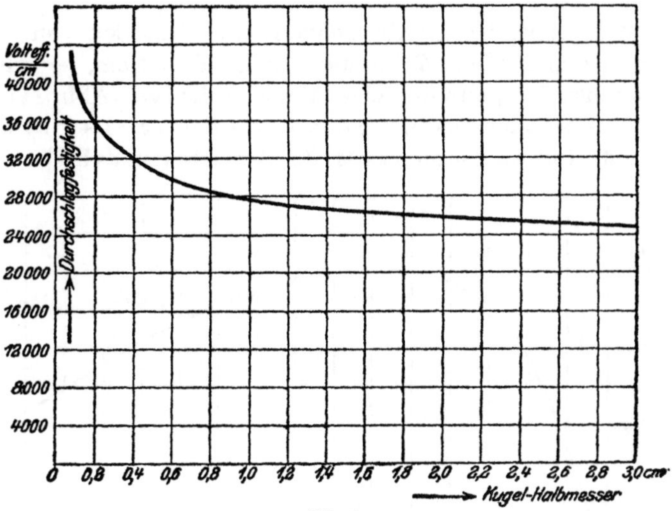


Abb. 9.

Weidig und Jaensch (ETZ. 1913, S. 637) entnommen; die Gleichung der Kurve lautet:

$$\mathfrak{E}_b = 21\,000 \left(1 + \frac{0{,}47}{\sqrt{2\,r}}\right).$$

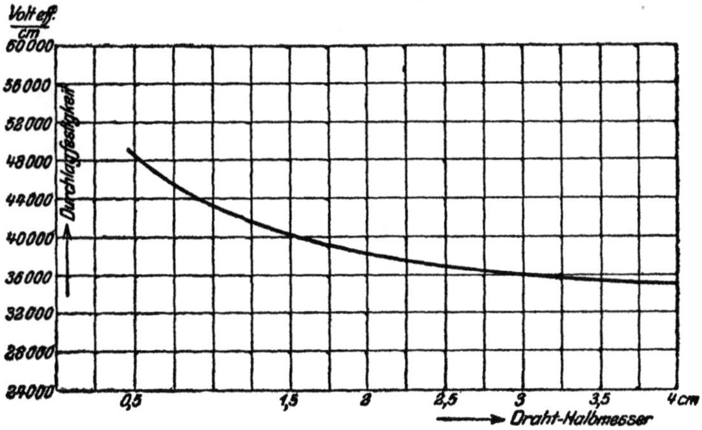


Abb. 10.

Die letztgenannte Kurve ist von Petersen angegeben (Petersen, Hochspannungstechnik, S. 46). Beide Kurven streben dem Endwert 21 000 Volt eff. pro cm zu.

Wir können für die Durchschlagspannung $P_d$ eine ähnliche Gleichung aufstellen wie beim Kabel:

$$P_d = \mathfrak{E}_b \cdot r \cdot \lg n \frac{R}{r},$$

nur ist hier $\mathfrak{E}_b$ keine Konstante, sondern eine Funktion von $r$.

Hält man den Radius $R$ konstant, z. B. $R = 4$ cm, so erhält man für die Durchschlagspannung eine ähnliche Kurve (Abb. 11) wie für die Kabel, nur ist hier das Maximum etwas flacher. Es gibt also auch hier einen günstigsten Durchmesser für den inneren Zylinder.

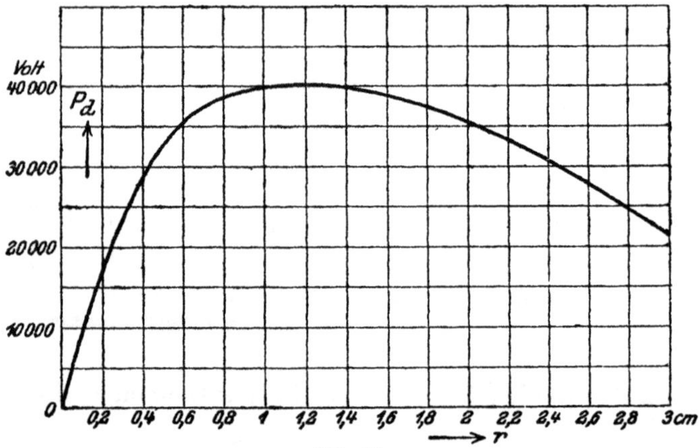


Abb. 11.

Die Entladungserscheinungen, die beim Durchschlag der Luftstrecke zwischen den beiden Zylindern vor sich gehen, müssen wir noch näher untersuchen.

Wir differenzieren die Gleichung für $P_d$ nach $r$; $\mathfrak{E}_b$ nehmen wir vorderhand als konstant an. Es ergibt sich

$$\frac{dP_d}{dr} = \mathfrak{E}_b \left(\lg n \frac{R}{r} - 1\right).$$

Daraus ersehen wir: Die Änderung der Durchschlagspannung mit zunehmendem Radius $r$ ist

1. im Bereich $r = 0$ bis $r = \frac{1}{2,718} \cdot R$: positiv;

2. „ „ $r = \frac{1}{2,718} \cdot R$ bis $r = R$: negativ;

3. „ „ $r = \frac{1}{2,718} \cdot R$: Null.

Wir nehmen an, daß sich beim Steigern der Spannung um den inneren Zylinder eine Glimmlichthülle bildet. Diese stellt, weil gut leitend, offenbar eine Vergrößerung des Radius $r$ dar.

Es besteht nun die Frage: Wie muß die Spannung verändert werden, wenn die Dicke dieser Hülle zunehmen soll? Darüber gibt uns die Differentialgleichung Aufschluß.

Im ersten der genannten Bereiche muß nach der Gleichung offenbar $P_d$ vergrößert werden, da der Differentialquotient positiv ist. Tatsächlich ergibt auch der Versuch, daß man durch Vergrößerung der Spannung die Glimmlichthülle vergrößern kann. Diese Art des Durchschlags der Luftstrecke nennt man unvollkommenen Durchschlag, weil die Luftstrecke nur teilweise durchschlagen wird. Wir nennen den Bereich, in dem diese Entladungsform möglich ist, stabilen Bereich.

Im zweiten der genannten Bereiche muß zur Vergrößerung der Hülle die Spannung $P_d$ verkleinert werden; denn der Differentialquotient ist in diesem Bereich negativ. Eine Glimmlichthülle von einer bestimmten Stärke wird sich also gar nicht herstellen lassen; ein entstehender Funke wird sofort so weit anwachsen, bis die ganze Luftstrecke durchschlagen ist. Wir nennen diesen Bereich labil. Den Durchschlag nennt man vollkommenen Durchschlag.

Im dritten Bereich tritt bald die eine, bald die andere Entladungsform auf. Man nennt deshalb dieses Gebiet meist Übergangsgebiet; wir nennen diesen Bereich indifferent.

Das Ergebnis dieser Betrachtung können wir verallgemeinern, indem wir sagen: Die verschiedenen Entladungsformen in Luft sind bei solchen Anordnungen möglich, bei welchen der Differentialquotient bei abnehmender Länge der Luftstrecke sein Vorzeichen wechselt. Das ist natürlich nur bei inhomogenen Feldern möglich, also dann, wenn mindestens einer der Feldträger eine Kugel, Zylinder, Spitze usw. ist.

Wir haben bis jetzt $\mathfrak{E}_b$ als konstant angenommen, was tatsächlich nicht der Fall ist. Die angestellten Betrachtungen bleiben im Prinzip aber richtig, es ändert sich lediglich die Größe der einzelnen Bereiche. Auf die Entladungserscheinungen in Luft kommen wir später nochmals zurück.

Die Benützung der Luftdurchführung als Meßfunkenstrecke nach dem Vorschlag von Petersen wird später besprochen. Durchführungen mit festen Isoliermaterialien werden im Abschnitt C behandelt.

### c) Zwei parallele Ebenen.

Die Ebenen sind mit den Elektrizitätsmengen $+Q$ bzw. $-Q$ geladen und mögen die Entfernungen $d$ voneinander haben.

Nach den früheren Darlegungen ist die Feldstärke in einem Punkt $X$ zwischen den Ebenen

1. von $A$ allein herrührend

$$\mathfrak{E}_A = \frac{2\pi Q}{\varepsilon f};$$

2. von $B$ allein herrührend

$$\mathfrak{E}_B = \frac{2\pi Q}{\varepsilon f}.$$

Daß die Feldstärken $\mathfrak{E}_A$ und $\mathfrak{E}_B$ im Punkt $X$ gleiche Richtung haben, sieht man aus dem Kraftlinienbild Abb. 4.

Die resultierende Feldstärke ist

$$\mathfrak{E}_x = \mathfrak{E}_A + \mathfrak{E}_B = \frac{4\pi Q}{\varepsilon f}. -$$

Das Potential im Punkt $X$ ist

1. von $A$ allein herrührend

$$V_A = -\frac{2\pi Q}{\varepsilon f} \cdot x_A + \text{konst.},$$

wobei $x_A$ die Entfernung des Punktes $x$ von der Ebene $A$ ist;

2. von $B$ allein herrührend

$$V_B = +\frac{2\pi Q}{\varepsilon f} \cdot x_B + \text{konst.},$$

wobei $x_B$ die Entfernung des Punktes $x$ von der Ebene $B$ ist. Das Potential $V_B$ ist positiv, weil die Ladung von $B$ entgegengesetzt derjenigen von $A$ ist.

Das resultierende Potential in $X$ ist

$$V_x = V_A + V_B = \frac{2\pi Q}{\varepsilon f}(x_B - x_A) + \text{konst.}$$

Damit kennen wir das Potential an einer beliebigen Stelle $x$. Wir verlegen nun $X$

1. an die Oberfläche der Ebene $A$ ($x_A = 0$, $x_B = d$); dann ist

$$V_{x_A=0} = \frac{2\pi Q}{\varepsilon f} \cdot d + \text{konst.}$$

2. an die Oberfläche der Ebene $B$ ($x_A = d$; $x_B = 0$); dann ist

$$V_{x_B=0} = \frac{2\pi Q}{\varepsilon f} \cdot d + \text{konst.}$$

Die Potentialdifferenz $P$ zwischen $A$ und $B$ ist also

$$P = \frac{4\pi Q}{\varepsilon f} d. -$$

Da nach Früherem

$$\frac{Q}{P} = C$$

können wir aus der Gleichung für $P$ die Kapazität des Plattenkondensators berechnen:

$$C = \frac{\varepsilon f}{4\pi d}. -$$

Wir separieren die Gleichung für $P$ nach $Q$

$$Q = \frac{P \cdot \varepsilon f}{4 \pi d}$$

und setzen diesen Wert in die Gleichung für die resultierende Feldstärke ein; wir erhalten dann für die Beanspruchung

$$\mathfrak{E}_x = \frac{P}{d} (\text{Volt pro cm});$$

d. h. die Beanspruchung ist an allen Stellen dieselbe. (Homogenes Feld.)

Die Anordnung „zwei parallele Ebenen" findet in der Technik zahllose Anwendung (Kondensatoren usw.).

## 2. Elektrische Bilder.

Es gibt noch eine andere Gruppe von Anordnungen, bei welchen die Elektroden zwar nicht die geometrisch einfache Lage zueinander aufweisen wie bei der eben behandelten Gruppe, wo sich aber doch eine gewisse Symmetrie feststellen läßt. Wir fassen diese Anordnungen unter dem Namen elektrische Bilder zusammen; welche Berechtigung dieser Ausdruck hat, werden wir am besten bei der Berechnung der Anordnungen sehen.

Zu dieser Gruppe gehören

a) zwei parallele Zylinder;

b) Zylinder parallel zu einer Ebene;

c) zwei sich umhüllende exzentrische Zylinder.

Bei diesen Anordnungen ist die Anwendung des Superpositionsprinzipes in der Art und Weise, wie wir es eben getan haben, nicht mehr zulässig, weil die Ladungen der einzelnen Elektroden sich gegenseitig beeinflussen. Hat man z. B. einen geladenen Zylinder allein, so wird sich auf ihm die Ladung gleichmäßig verteilen (abgesehen von den Enden des Zylinders). Bringt man nun in die Nähe dieses Zylinders und parallel zu ihm einen zweiten Zylinder mit gleich großer, aber entgegengesetzter Ladung, so wird sich, wie leicht einzusehen ist, die größte Kraftliniendichte da einstellen, wo der Zwischenraum am engsten ist, die Ladungen verteilen sich ungleichmäßig auf den beiden Zylindern. Wir können deshalb bei der Berechnung nicht mehr annehmen, daß sich die Felder der einzelnen Zylinder gerade so ausbilden, als wenn jeder Zylinder für sich allein wäre.

Durch einen Kunstgriff kann man aber auch hier die Feldverteilung leicht berechnen. Wir führen die Anordnung zurück auf: zwei parallele Linien mit linienhaft verteilten Ladungen. Für diese können wir die Feldverteilung ermitteln. Wie wir von da dann zur Feldverteilung der drei genannten Anordnungen kommen, sehen wir am besten aus den folgenden Berechnungen.

### a) Zwei parallele Zylinder in kleiner Entfernung voneinander.

In Abb. 12 seien die Punkte $A$ und $B$ die Spuren zweier senkrecht zur Bildebene verlaufenden Linien mit der linienhaft verteilten Ladung $+\sigma$ bzw. $-\sigma$ pro Längeneinheit.

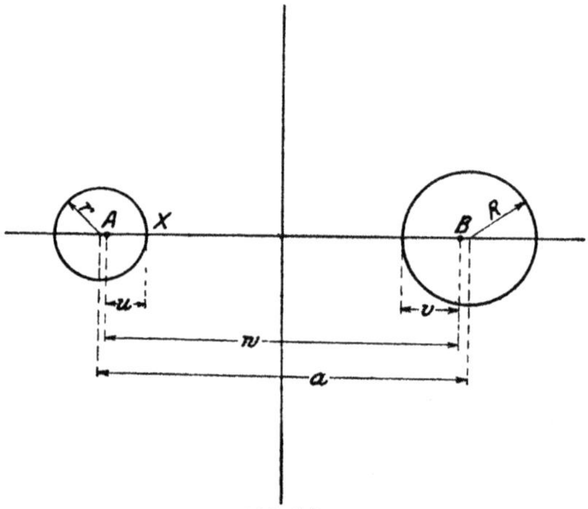


Abb. 12.

Die Feldstärke im Punkt $X$ ist

1. von $A$ allein herrührend

$$\mathfrak{E}_A = \frac{2\sigma}{\varepsilon x_A};$$

2. von $B$ allein herrührend

$$\mathfrak{E}_B = \frac{2\sigma}{\varepsilon x_B};$$

Die resultierende Feldstärke ist

$$\mathfrak{E}_x = \frac{2\sigma}{\varepsilon}\left(\frac{1}{x_A} + \frac{1}{x_B}\right).$$

Das Potential im Punkt $X$ ist

1. von $A$ allein herrührend

$$V_A = -\frac{2\sigma}{\varepsilon}\,\mathrm{lgn}\,x_A + \text{konst.}$$

2. von $B$ allein herrührend

$$V_B = \frac{2\sigma}{\varepsilon}\,\mathrm{lgn}\,x_B + \text{konst.}$$

Das resultierende Potential ist

$$V_x = V_A + V_B = \frac{2\sigma}{\varepsilon}\,\mathrm{lgn}\frac{x_B}{x_A}.$$

Offenbar ist das Potential $V_x$ für alle Punkte konstant, für welche $\frac{x_B}{x_A}$ konstant ist. Die Fläche, auf welcher diese Punkte liegen, ist eine Niveaufläche. Nach den Gesetzen der harmonischen Teilung ist der geometrische Ort dieser Punkte ein Kreis (im vorliegenden Fall natürlich ein Kreiszylinder). In Abb. 12 ist die Spur des Kreiszylinders mit dem Radius $r$ für einen bestimmten Wert von $\frac{x_B}{x_A}$ eingezeichnet.

Die auf der Geraden durch $A$ und $B$ vom Kreis abgeschnittenen Strecken stehen in harmonischem Verhältnis; es besteht also die Gleichung

$$\frac{u}{w-u} = \frac{2r-u}{w+2r-u}.$$

Setzt man für $\frac{x_B}{x_A}$ alle möglichen Werte ein, so erhält man eine Schar von Kreiszylindern, die alle Niveauflächen darstellen. Man sieht, daß die Kreiszylinder exzentrisch zur Achse $A$ liegen (Abb. 12).

Die Mittelpunkte der Kreise, welche die Spuren der Kreiszylinder darstellen, kann man mit Hilfe eines Gesetzes der harmonischen Teilung finden, das lautet: Zieht man von $B$ aus die beiden Tangenten an einen Kreis um $A$, so geht die Verbindungslinie der beiden Tangentenpunkte durch $A$ und steht auf der Geraden durch $A$ und $B$ senkrecht (Abb. 13).

Umgekehrt kann man also die Kreise um $A$, welche die Spuren der Niveauflächen darstellen, finden, indem man in $A$ die Senkrechte errichtet, von $B$ aus eine Gerade $BC$ zieht und in $C$ die Senkrechte auf $BC$ errichtet. Diese schneidet die Gerade durch $A$ und $B$ im Punkte $D$. $DC$ ist der Radius der Spur einer Niveaufläche.

Offenbar wird an der Feldverteilung nichts geändert, wenn wir uns z. B. den Zylinder mit dem Radius $r$ (Abb. 12), der eine Niveaufläche ist, mit einer dünnen Metallschicht belegt denken und annehmen, die Ladung wäre nicht auf der Achse $A$, sondern auf diesem Zylinder verteilt. Die Ladung für den Zylinder ist zu setzen

$$Q = \sigma l$$

wenn $l$ die Länge des Zylinders und $\sigma$ die Ladung pro Längeneinheit bedeutet.

Wir sehen, daß in dem vorliegenden Fall die elektrische Achse des Zylinders nicht mit der geometrischen zusammenfällt.

In ähnlicher Weise wie für die Achse $A$ können wir auch für die elektrische Achse $B$ die Spur eines Kreiszylinders um $B$ mit dem Radius $R$ angeben, wobei der Kreiszylinder zugleich eine Niveaufläche sein soll. Diesen Zylinder denken wir uns ebenfalls mit Metall belegt und mit der Ladung $-Q$ geladen, wobei

$$-Q = -\sigma l .$$

Für die Abschnitte dieser Niveaufläche auf der Geraden durch $A$ und $B$ gilt die Beziehung

$$\frac{v}{w-v} = \frac{2R-v}{w+2R-v}.$$

Damit haben wir die Anordnung „zwei parallele Geraden" übergeführt auf die Anordnung „zwei parallele Zylinder".

Es besteht nun die umgekehrte Aufgabe, nämlich die Lage der elektrischen Achsen, d. h. die Strecken $u$, $v$ und $w$ zu bestimmen, wenn die Abmessungen $R$, $r$ und $a$ der Anordnung gegeben sind. Dazu haben wir außer den bereits angeschriebenen Gleichungen noch eine dritte Gleichung zur Verfügung, welche leicht aus der Figur abgelesen werden kann.

$$w - (u + v) = a - (R + r) .$$

Aus den beiden harmonischen Beziehungen und der letztgenannten Gleichung lassen sich die drei Unbekannten $u$, $v$ und $w$ berechnen; die elementare, aber langwierige Rechnung soll hier nicht durchgeführt werden; es wird der Abstand der elektrischen Achsen

$$w = \frac{1}{a}\sqrt{m} ,$$

wobei

$$m = (R^2 + r^2 - a^2)^2 - 4\, r^2 R^2$$

ist. Die Strecken $u$ und $v$

$$u = \frac{2\, r\, a - (r^2 - R^2) - a^2 + \sqrt{m}}{2\, a} ;$$

$$v = \frac{2\, R\, a + (r^2 - R^2) - a^2 + \sqrt{m}}{2\, a} .$$

Wir verlegen nun den Punkt $X$

1. auf die Oberfläche des Kreiszylinders mit dem Radius $r$; dann wird

$$V_r = \frac{2\, Q}{\varepsilon\, l} \lg n \frac{w - u}{u} + \text{konst.}$$

2. auf die Oberfläche des Kreiszylinders mit dem Radius $R$; dann wird

$$V_R = \frac{2\, Q}{\varepsilon\, l} \lg n \frac{w - v}{v} + \text{konst.}$$

Die Potentialdifferenz zwischen den beiden Kreiszylindern ist also

$$P = V_r - V_R = \frac{2\, Q}{\varepsilon\, l} \lg n \frac{(w - u)\, v}{(w - v)\, u} ;$$

Setzt man die Werte für $w$, $u$ und $v$ ein, so erhält man nach einigen Umrechnungen

$$P = \frac{2\, Q}{\varepsilon\, l} \lg n \frac{a^2 - (r - R)^2 + \sqrt{m}}{a^2 - (r - R)^2 - \sqrt{m}} ;$$

Daraus können wir die Kapazität ermitteln zu

$$C = \frac{\varepsilon\, l}{2 \lg n \dfrac{a^2 - (r - R)^2 + \sqrt{m}}{a^2 - (r - R)^2 - \sqrt{m}}} .$$

Wir separieren nun die Gleichung für $P$ nach $Q$ und setzen diesen Wert in die Gleichung für die resultierende Feldstärke ein. Wir erhalten dann

$$\mathfrak{E}_x = \frac{P}{\lg n \dfrac{a^2-(r-R)^2+\sqrt{m}}{a^2-(r-R)^2-\sqrt{m}}} \cdot \left(\frac{1}{x_A}+\frac{1}{x_B}\right).$$

Nach den bis jetzt schon gesammelten Erfahrungen können wir ohne weitere Rechnung voraussagen, daß die maximale Beanspruchung an der Oberfläche des kleineren Zylinders, und zwar an der Stelle $X$ auftritt. Hierfür wird

$$x_A = u \quad \text{und} \quad x_B = w - u\,,$$

also

$$\mathfrak{E}_m = P\sqrt{\frac{r^2-R^2+a^2+2ra}{r^2-R^2+a^2-2ra}} \cdot \frac{1}{\lg n \dfrac{a^2-(r-R)^2+\sqrt{m}}{a^2-(r-R)^2-\sqrt{m}}}.$$

In Abb. 13 ist die Kurve für die Feldstärke längs $AB$ eingezeichnet, ebenso eine Schar von Niveauflächen. Die Niveauflächen sind so gezeichnet, daß zwischen zwei Niveauflächen die gleiche Spannung herrscht.

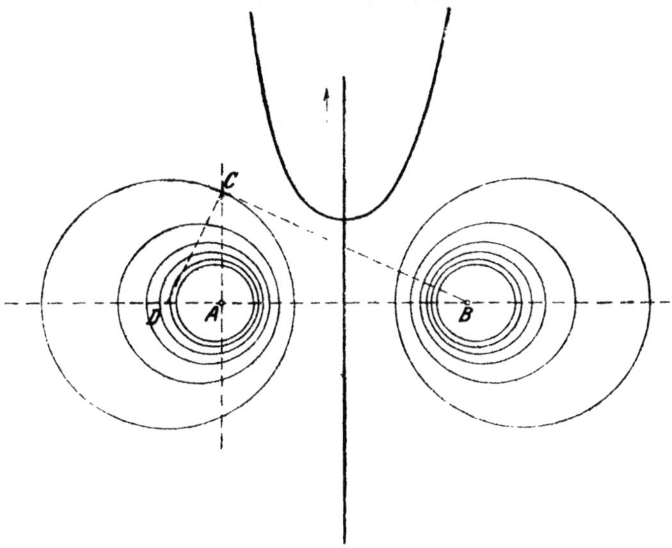


Abb. 13.

Die Kraftlinien sind nicht eingezeichnet; sie sind ebenfalls Kreise, deren Mittelpunkte auf der Mittellinie zwischen $A$ und $B$ liegen und die sämtlich durch die Punkte $A$ und $B$ gehen.

Wir sehen, daß die Niveaufläche in der Mitte zwischen den beiden Achsen eine Ebene ist. Genau wie wir vorher annehmen konnten, daß die Ladung auf einem Zylinder verteilt sei, können wir auch annehmen, die Ladung $-Q$ wäre auf dieser Ebene verteilt; wir haben dann die Anordnung vor uns: Zylinder parallel zu einer Ebene.

Umgekehrt können wir auch sagen, daß sich die Anordnung: Zylinder parallel zu einer Ebene ebenso verhält, als ob sich die Ladung $-Q$ nicht auf der Ebene, sondern dahinter im Abstand $\frac{w}{2}$ als Spiegelbild der Achse $A$ befinde. Man spricht deshalb in der Elektrotechnik vielfach von einer elektrischen Spiegelung, von elektrischen Spiegelbildern oder kurz von elektrischen Bildern.

Wir leiten nun noch einige spezielle Fälle aus den Gleichungen ab. Sehr wichtig ist die Anordnung zweier paralleler Zylinder mit gleichgroßen Radien. Wir setzen also $R = r$ und erhalten

für die Kapazität

$$C = \frac{\varepsilon l}{4 \operatorname{lgn} \frac{\sqrt{a^2 - 4r^2} + a - 2r}{\sqrt{a^2 - 4r^2} - a + 2r}};$$

für die maximale Beanspruchung

$$\mathfrak{E}_m = P \sqrt{\frac{a + 2r}{a - 2r}} \cdot \frac{1}{2r \operatorname{lgn} \frac{\sqrt{a^2 - 4r^2} + a - 2r}{\sqrt{a^2 - 4r^2} - a + 2r}}.$$

Ist außerdem $a$ sehr groß gegen $r$, so wird die Kapazität

$$C = \frac{\varepsilon l}{4 \operatorname{lgn} \frac{a}{r}}$$

und die maximale Beanspruchung

$$\mathfrak{E}_m = \frac{P}{2r \operatorname{lgn} \frac{a}{r}}.$$

Zu diesem Resultat können wir auch in folgender Weise gelangen: In Abb. 14 sind die Spuren der beiden Zylinder, für welche $a \gtrless r$ gilt, in der Bildebene dargestellt; sie seien mit den Elektrizitätsmengen $+Q$ bzw. $-Q$ geladen.

Abb. 14.

Nach den früheren Darlegungen ist die Feldstärke in einem Punkte $X$

1. von $A$ allein herrührend

$$\mathfrak{E}_A = \frac{2Q}{\varepsilon l x_A};$$

2. von $B$ allein herrührend

$$\mathfrak{E}_B = \frac{2Q}{\varepsilon l x_B} \cong 0 .$$

Wir nehmen an, daß die Entfernung $D$ der Drähte voneinander sehr groß ist; die Feldstärke von $B$ herrührend kann dann, da auch $x$ sehr groß ist, als klein vernachlässigt werden. Dieser Fall liegt praktisch vor bei Freileitungen.

Die resultierende Feldstärke ist

$$\mathfrak{E}_x = \mathfrak{E}_A + \mathfrak{E}_B = \frac{2Q}{\varepsilon l x_A} .$$

Das Potential im Punkte $X$ ist

1. von $A$ allein herrührend

$$V_A = -\frac{2Q}{\varepsilon l} \operatorname{lgn} x_A + \text{konst.}$$

2. von $B$ allein herrührend

$$V_B = +\frac{2Q}{\varepsilon l} \operatorname{lgn} x_B + \text{konst.}$$

Das resultierende Potential in $X$ ist

$$V_x = V_A + V_B = \frac{2Q}{\varepsilon l} \operatorname{lgn} \frac{x_B}{x_A} + \text{konst.}$$

Damit kennen wir das Potential für jede beliebige Stelle $X$. Wir verlegen nun $X$

1. an die Oberfläche des Zylinders $A$ ($x_A = r$; $x_B \cong D$); dann ist

$$V_{x_A=r} = \frac{2Q}{\varepsilon l} \operatorname{lgn} \frac{D}{r} + \text{konst.}$$

2. an die Oberfläche des Zylinders $B$ ($x_A \cong D$; $x_B = r$); dann ist

$$V_{x_B=r} = \frac{2Q}{\varepsilon l} \operatorname{lgn} \frac{r}{D} + \text{konst.}$$

Die Potentialdifferenz $P$ zwischen $A$ und $B$ ist also

$$P = V_{x_A=r} - V_{x_B=r} = \frac{2Q}{\varepsilon l} \operatorname{lgn} \left(\frac{D}{r}\right)^2;$$

$$P = \frac{4Q}{\varepsilon l} \operatorname{lgn} \frac{D}{r} .$$

Da nach Früherem

$$\frac{Q}{P} = C,$$

können wir aus der Gleichung für $P$ die Kapazität der Anordnung berechnen:

$$C = \frac{\varepsilon l}{4 \lg n \frac{D}{r}}.$$

Wir sehen, daß die Kapazität gerade halb so groß ist wie bei der Anordnung „zwei konzentrische Zylinder", bei der der äußere Zylinder den Innendurchmesser $2D$ hat.

Wir separieren die Gleichung für $P$ nach $Q$

$$Q = \frac{P \cdot \varepsilon l}{4 Q \lg n \frac{D}{r}}$$

und setzen diesen Wert in die Gleichung für die resultierende Feldstärke ein; wir erhalten dann für die Beanspruchung

$$\mathfrak{E}_x = \frac{P}{2 x_A \lg n \frac{D}{r}} \text{ (Volt pro cm).}$$

Den Ort und die Größe der maximalen Beanspruchung erhalten wir für den kleinsten Wert von $x_A$, also für $x_A = r$ zu

$$\mathfrak{E}_{\max} = \frac{P}{2 r \lg n \frac{D}{r}}.$$

Man sieht, daß auch die Beanspruchung die Hälfte beträgt von derjenigen bei konzentrischen Zylindern. Zum Durchschlagen der gleichgroßen Luftstrecke ist hier also die doppelte Spannung nötig.

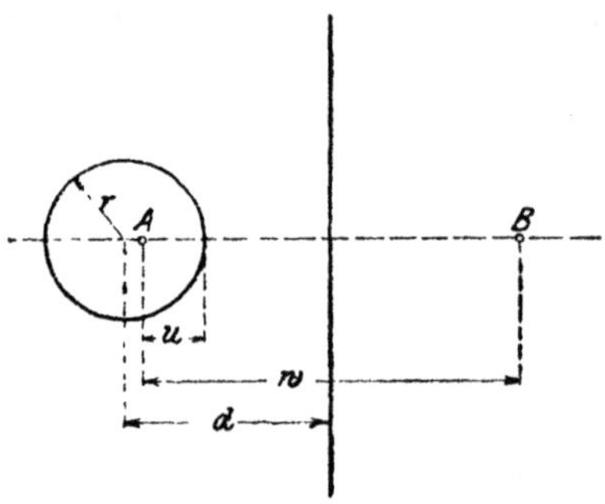

Abb. 15.

**b) Zylinder parallel zu einer Ebene.**

Wir haben bereits gesehen, daß wir diesen Fall auf den vorhergehenden zurückführen können, indem wir in der Entfernung $\frac{w}{2}$ das Spiegelbild der Achse $A$ annehmen. In Abb. 15 ist die Anordnung dargestellt.

Die Kapazität der Anordnung können wir leicht berechnen. Offenbar sind die beiden Kondensatoren der unter a) besprochenen Anordnung:

Zylinder um die Achse $A$ gegen Ebene und
Ebene gegen Zylinder um die Achse $B$

einander gleich und hintereinander geschaltet. Bezeichnen wir die Teilkapazitäten mit $C'$, so ist nach einem bekannten Gesetz

$$\frac{1}{C'} + \frac{1}{C'} = \frac{1}{C}$$

wobei $C$ die Kapazität der Anordnung „zwei gleichgroße parallele Zylinder in kleiner Entfernung voneinander“ bedeutet.

Danach berechnet sich $C'$ zu

$$C' = \frac{\varepsilon l}{2 \lg n \dfrac{\sqrt{d^2 - r^2} + d - r}{\sqrt{d^2 - r^2} - d + r}}.$$

Die Höchstbeanspruchung tritt nach wie vor im Punkt $X$ des Zylinders auf (Abb. 12) und beträgt wie vorher

$$\mathfrak{E}_m = P \sqrt{\frac{d + r}{d - r}} \cdot \frac{1}{r \lg n \dfrac{\sqrt{d^2 - r^2} + d - r}{\sqrt{d^2 - r^2} - d + r}}.$$

### e) Zwei exzentrische Zylinder.

Die Grundlage zur Berechnung der Anordnung „zwei parallele Zylinder in kleiner Entfernung voneinander“ wurde dadurch geschaffen, daß wir uns je eine Niveaufläche um die elektrischen Achsen $A$ bzw. $B$ mit einer Metallschicht belegt dachten.

Wir können das gleiche Verfahren auch auf andere Niveauflächen anwenden, und so denken wir uns jetzt zwei sich umhüllende Niveauflächen mit der gemeinsamen elektrischen Achse $A$ mit Metallschichten belegt.

Nach Früherem wissen wir, daß wir für $A$ das Spiegelbild in $B$ zu suchen haben.

Die weiteren Rechnungen erfolgen nun ganz analog wie bei der Anordnung unter b[1]). In Abb. 15a sind die zur Abb. 15 analogen Strecken mit denselben Bezeichnungen versehen. Die Strecken $w$, $u$ und $v$ berechnen sich aus den harmonischen Gleichungen zu

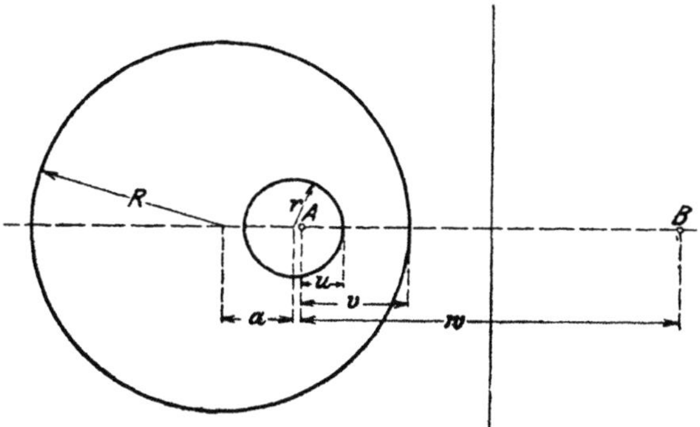


Abb. 15a.

[1]) In dem Buch „Die Theorie moderner Hochspannungsanlagen“ von A. Buch sind die elementaren Berechnungen ausführlich angegeben.

$$w = \frac{a}{1}\sqrt{m}$$

wobei

$$m = (R^2 + r^2 - a^2)^2 - 4\,r^2 R^2\;;$$

ist;

$$u = \frac{(r^2 - R^2) + 2\,r\,a + a^2 + \sqrt{m}}{2\,a}\;;$$

$$v = \frac{(R^2 - r^2) - 2\,R\,a + a^2 + \sqrt{m}}{2\,a}$$

Für die Kapazität $C$ erhält man, indem man sie als Teilkapazität der Anordnung „kleiner Zylinder gegen Ebene" auffaßt

$$C = \frac{\varepsilon\, l}{2 \lg n \dfrac{(r+R)^2 - a^2 + \sqrt{m}}{(r+R)^2 - a^2 - \sqrt{m}}}$$

Für die Höchstbeanspruchung am inneren Zylinder ergibt sich

$$\mathfrak{E}_m = P \sqrt{\frac{r^2 - R^2 + a^2 - 2\,r\,a}{r^2 - R^2 + a^2 + 2\,r\,a}} \cdot \frac{1}{r \lg n \dfrac{(r+R)^2 - a^2 + \sqrt{m}}{(r+R)^2 - a^2 - \sqrt{m}}}$$

Für den Sonderfall, daß die beiden Zylinder konzentrisch liegen ($a = 0$), erhält man die Gleichungen, die wir bei der Anordnung „zwei konzentrische Zylinder" gefunden haben.

## 3. Kombinierte Anordnungen.

In der Praxis kommen natürlich sehr häufig Fälle vor, wo die Elektroden Formen aufweisen, die von den Fundamentalformen abweichen. Diese Anordnungen können nur näherungsweise berechnet werden. Als Beispiel solcher Anordnungen sollen im folgenden die Mehrleiterkabel berechnet werden.

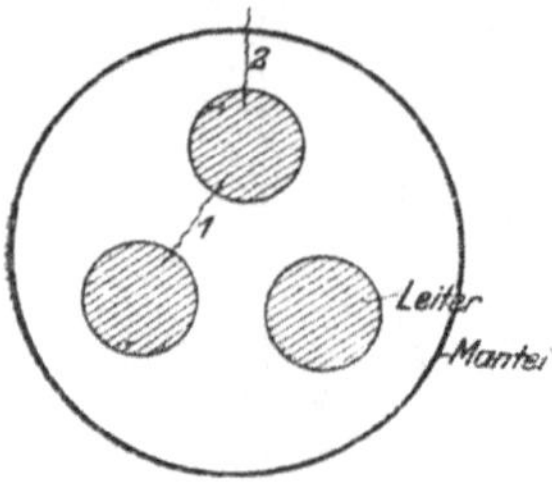

Abb. 16.

In Abb. 16 ist ein Dreileiterkabel mit kreisrunden Leitern schematisch dargestellt. Der äußere Kreis stellt den Bleimantel dar. Die Spannungen der Leiter gegeneinander und gegen den Bleimantel seien bekannt.

Wenn der ganze Raum zwischen den Leitern und dem Bleimantel mit einem einheitlichen Isoliermaterial ausgefüllt ist, kann die Berechnung näherungsweise wie folgt durchgeführt werden.

Die meist gefährdeten Stellen liegen bei 1 und 2, wie wir aus den bisher gewonnenen Erfahrungen schließen können.

Die Stelle 1 berechnen wir nach *a* (zwei parallele Zylinder in kleiner Entfernung voneinander). Die Stelle 2 berechnen wir nach c (zwei sich umhüllende, parallele, exzentrische Zylinder).

Diese Berechnung kann nur als Näherungsrechnung gelten; denn im ganzen sind vier Elektroden vorhanden, und wir haben bei der Rechnung gleichzeitig immer nur zwei berücksichtigt.

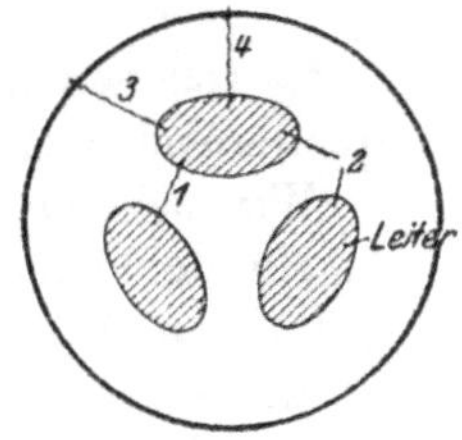

Abb. 17.

In Abb. 17 ist der Querschnitt eines Dreileiterkabels mit sektorförmigen Leitern dargestellt. Näherungsweise berechnen wir die Beanspruchung der Stellen 1, 2, 3 und 4 wie folgt:

1 und 2 nach A. 2. a; 3 und 4 nach A. 2. c.

Wir werden später noch eine genauere Methode zur Berechnung der Beanspruchung der Mehrleiterkabel kennenlernen.

## B. Zusammengesetzte Anordnungen.

(Mehr-Elektrodenanordnungen.)

Die bisher betrachteten technischen Anordnungen bestehen aus nur zwei Elektroden und einem einheitlichen Dielektrikum. Die Anordnungen, die wir in diesem Abschnitt behandeln wollen, bestehen entweder

aus zwei Elektroden und mehreren verschiedenartigen Isolierstoffen, oder

aus mehr als zwei Elektroden und mehreren verschiedenartigen Isolierstoffen, oder

aus mehr als zwei Elektroden und einem einheitlichen Isolierstoff.

Wir werden sehen, daß man zur Berechnung der Anordnungen mit nur zwei Elektroden und mehreren verschiedenartigen Isolierstoffen „Hilfselektroden" einführen muß, so daß also auch diese Anordnungen sozusagen mehrere Elektroden besitzen.

Da zwei Elektroden und ein Dielektrikum einen Kondensator bilden, können wir sagen, daß die zusammengesetzten Anordnungen eine Gruppenschaltung von Kondensatoren darstellen.

Der genauen Berechnung sind auch hier wieder nur die Anordnungen zugänglich, bei welchen die Elektroden die bekannten Grundformen besitzen. In solchen Fällen brauchen wir natürlich die Kapazitätsberechnungen nicht mehr durchzuführen, sie sind aus dem vorigen Abschnitt bekannt. Zur Berechnung der Beanspruchung müssen wir aber wissen, wie groß die auf jeden Kondensator entfallende Potentialdifferenz ist. Diese zu ermitteln wird im folgenden unsere Hauptaufgabe sein.

Haben die Elektroden nicht die bekannten Grundformen, so müssen die Kapazitäten aus Messungen bekannt sein oder wir müssen sie durch Näherungsrechnungen ermitteln; ein Verfahren hierfür werden wir später noch kennenlernen.

Es soll nun zunächst das allgemein giltige Gesetz, dem die Spannungsverteilung gehorcht. abgeleitet werden.

Wir nehmen an, daß mehrere Metallkörper, wir können an Metallkugeln denken, im Raume angeordnet sind; wir bezeichnen sie mit 1, 2, 3, . . . $n$. Ihre Lage gegeneinander sei beliebig, die einzige Bedingung, die wir stellen, sei die, daß sie gegeneinander isoliert sind.

Zum besseren Verständnis betrachten wir zuerst folgenden bekannten Fall. Wir versenken das ganze Körpersystem in einen großen mit einem Elektrolyten gefüllten Trog und verbinden beispielsweise die beiden Körper 1 und 2 mit je einer Klemme einer Gleichstromquelle. Der Einfluß der Verbindungsleitungen sei vernachlässigbar klein. Bei einem der beiden Körper tritt dann der Strom in das System ein, verzweigt sich im Bad auf die übrigen Körper und tritt beim andern der angeschlossenen Körper wieder heraus.

Unsere Aufgabe ist es, diese Stromverteilungen und die dabei entstehenden Potentialdifferenzen zwischen den Körpern zu ermitteln.

Bekanntlich kann man diese Anordnung durch eine andere ersetzen, welche für die Rechnung bequemer ist. Wir nehmen das ganze Körpersystem aus dem Bade heraus und denken uns von jedem Körper zu jedem andern die Verbindungslinien gezogen. Diese Verbindungslinien seien die Bahnen der Ströme im System. Jeder Verbindungslinie schreiben wir einen bestimmten Leitwert zu und zwar der Verbindungslinie zwischen Körper 1 und 2 den Leitwert $g_{12}$ usf. Die Leitwerte seien so gewählt, daß sich die gleichen Potentialdifferenzen einstellen wie vorher im Bad.

Wir bezeichnen die Potentialdifferenzen analog den Leitwerten mit $p_{12}$ usf. Für den Strom $i_1$ der Zuleitung zum Körper 1 muß dann nach dem Ohm'schen Gesetz sein

$$i_1 = g_{12}\, p_{12} + g_{13}\, p_{13} + \cdots\cdots + g_{1n}\, p_{1n}\,.$$

Verbinden wir auch die übrigen Körper mit Stromquellen, so erhalten wir analoge Gleichungen für die Ströme $i_2$, $i_3$ usf.

Sind diese Ströme und die Leitwerte bekannt, so können wir aus diesem Gleichungssystem die Potentialdifferenzen berechnen.

Wir kehren nun zu unserer Aufgabe zurück. In dem Falle, der uns hier beschäftigt, ist das Körpersystem nicht in einem Elektrolyten, sondern in einem Dielektrikum (z. B. Luft, Öl, Porzellan usw.) eingebettet. Die Ströme, welche jetzt beim Einschalten von Stromquellen in das System fließen, nennen wir Ladeströme.

Um die durch die Ladeströme verursachten Potentialdifferenzen bequemer berechnen zu können, ersinnen wir wieder eine Ersatzschaltung. Wir denken uns wie vorher die Verbindungslinien zwischen allen Körpern gezogen; wir schreiben ihnen jetzt aber keine Leitwerte zu, wir denken uns vielmehr jede Verbindungslinie an einer Stelle unterbrochen und einen Plattenkondensator dazwischen geschaltet. Der Kondensator in der Verbindungslinie zwischen Körper 1 und 2 möge die Kapazität $c_{12}$ haben usf. Diese Kapazitäten seien so gewählt, daß sich unter sonst gleichen Verhältnissen dieselben Potentialdifferenzen einstellen wie beim eingebetteten System.

Wir wollen nun das Gleichungssystem aufstellen und zwar für den allgemeinen Fall, daß jeder der Körper mit einer Stromquelle verbunden ist. Das ist sehr einfach. Das Gleichungssystem setzt sich aus Gleichungen zusammen, die ebenso gebaut sind, wie die oben angeschriebene; wir brauchen nur statt der Ströme $i_1$ usf. die Ladungen $q_1$ usf. und statt der Leitwerte $g_{12}$ usf. die Kapazitäten $c_{12}$ usf. zu setzen.

Für ein System mit beispielsweise 6 Körpern erhalten wir:

$$\begin{aligned}
q_1 &= c_{12}\,p_{12} + c_{13}\,p_{13} + c_{14}\,p_{14} + c_{15}\,p_{15} + c_{16}\,p_{16}\,;\\
q_2 &= c_{21}\,p_{21} + c_{23}\,p_{23} + c_{24}\,p_{24} + c_{25}\,p_{25} + c_{26}\,p_{26}\,;\\
q_3 &= c_{31}\,p_{31} + c_{32}\,p_{32} + c_{34}\,p_{34} + c_{35}\,p_{35} + c_{36}\,p_{36}\,;\\
q_4 &= c_{41}\,p_{41} + c_{42}\,p_{42} + c_{43}\,p_{43} + c_{45}\,p_{45} + c_{46}\,p_{46}\,;\\
q_5 &= c_{51}\,p_{51} + c_{52}\,p_{52} + c_{53}\,p_{53} + c_{54}\,p_{54} + c_{56}\,p_{56}\,;\\
q_6 &= c_{61}\,p_{61} + c_{62}\,p_{62} + c_{63}\,p_{63} + c_{64}\,p_{64} + c_{65}\,p_{65}\,.
\end{aligned}$$

Daraus können wir, wenn die Ladungen und Kapazitäten bekannt sind, die Potentialdifferenzen rechnen.

In dieser allgemeinen Form tritt uns das Problem jedoch niemals in der Praxis entgegen. Meist sind nur zwei Körper, von denen einer vielfach die Erde ist, mit der Stromquelle verbunden. Ferner sind die Körper (Elektroden) niemals im Raume beliebig angeordnet, es lassen sich immer gewisse Symmetrien auffinden und endlich haben wir niemals in der Praxis mit dem Fall zu tun, daß jeder Körper gegen jeden anderen Kapazität besitzt. Infolge dieser Einschränkungen können wir die Mehrelektrodenanordnungen in zwei große Gruppen teilen:

1. Anordnungen, bei welchen jede Elektrode höchstens gegen die zwei ihr unmittelbar benachbarten Elektroden Kapazität besitzt. Am vollkommensten ist diese Bedingung erfüllt bei sich umhüllenden Kugelschalen. Hierfür ist

$$\begin{aligned}
q_1 &= c_{12}\,p_{12}\,;\\
q_2 &= c_{21}\,p_{21} + c_{23}\,p_{23}\,;\\
q_3 &= \phantom{c_{21}\,p_{21} +}\; c_{32}\,p_{32} + c_{34}\,p_{34}\,;\\
q_4 &= \phantom{c_{21}\,p_{21} + c_{32}\,p_{32} +}\; c_{43}\,p_{43}\,.
\end{aligned}$$

Wir können die Bedingung auch als erfüllt annehmen bei sich umhüllenden Zylindern und in Annäherung auch bei nebeneinander angeordneten gleichgroßen, parallelen Platten von nicht zu kleinen Dimensionen, falls sie sich in genügender Entfernung von der Erde befinden.

Offenbar stellen alle diese Anordnungen eine Reihenschaltung von Kondensatoren dar. Wir wollen deshalb für diese Klasse von Anordnungen den Namen Kondensatorreihen einführen.

Ist bei den Anordnungen dieser Gruppe noch die Bedingung erfüllt, daß nur die Körper 1 und $n$ mit einer Stromquelle verbunden sind, so werden offenbar alle Einzelkondensatoren von demselben Strom durchflossen.

2. Anordnungen, bei welchen die Elektroden nicht nur gegen die zwei Nachbarelektroden, sondern mindestens noch gegen eine dritte Elektrode, die vielleicht durch die Erde gebildet wird, Kapazität haben. Das klassische Beispiel für diese Anordnung ist die Vielfachfunkenstrecke (Abb. 41). Stellt $m$ die gemeinsame Elektrode dar, dann ist

$$\begin{aligned}
q_1 &= c_{1m}\, p_{1m} + c_{12}\, p_{12}\,;\\
q_2 &= c_{2m}\, p_{2m} + c_{21}\, p_{21} + c_{23}\, p_{23}\,;\\
q_3 &= c_{3m}\, p_{3m} \qquad\qquad + c_{32}\, p_{32} + c_{34}\, p_{34}\,;\\
q_4 &= c_{4m}\, p_{4m} \qquad\qquad\qquad\qquad + c_{43}\, p_{43} + c_{45}\, p_{45}\,;
\end{aligned}$$

Da bei diesen Anordnungen die Elektroden durch die Kapazität gegen die Elektrode $m$ miteinander verkettet sind, wollen wir für diese Anordnung den Namen Kondensatorketten einführen.

Bei diesen Anordnungen ist der Strom der Einzelkondensatoren auch in dem Falle nicht gleich groß, wo nur zwei Körper des Systems mit einer Stromquelle verbunden sind.

Außer diesen beiden Gruppen müssen wir noch eine weitere betrachten, nämlich:

3. Kondensatorketten mit Ohmschem Widerstand. In diese Klasse gehören alle Anordnungen, deren Dielektrikum Leitfähigkeit besitzt oder deren Elektroden absichtlich mit Widerständen verbunden sind.

Der Verfasser hat gefunden, daß in vielen Fällen die Ermittlung der Spannungsverteilung am besten auf graphischem Wege erfolgt. Wir werden daher von der graphischen Rechnungsmethode im folgenden, besonders bei den Kondensatorketten, ausgiebig Gebrauch machen. Dabei ist es vorteilhafter, nicht mit Ladungen zu rechnen, sondern mit Ladeströmen.

Wir nehmen an, daß die Aufladung der Elektroden mit Gleichstrom konstanter Größe erfolgt. Zwischen dem Ladestrom $i$ und der Potentialdifferenz $p$ besteht bekanntlich die Beziehung

$$p = \frac{1}{c}\int i\,d\,t\,,$$

wobei $dt$ das Zeitelement der Ladung bedeutet. Da

$$q = \int i\,d\,t\,,$$

ist die Gleichung identisch mit der früher angeschriebenen Gleichung

$$q = c \cdot p\,.$$

Da nun $i$ nach Annahme konstant ist, wird

$$p = \frac{1}{c} i \cdot t + p_0\,.$$

Wir interessieren uns im folgenden nur für die Potentialdifferenz nach der Ladezeit $t = 1$ Sekunde. Diese ist bei $p_0 = 0$

$$p = \frac{1}{c} i$$

d. h. die Potentialdifferenz $p$ ist proportional dem Ladestrom $i$. Die Abhängigkeit zwischen Potentialdifferenz und Ladestrom wird also durch eine Gerade dargestellt mit der Neigung $\varphi$ gegen die Abszissenachse.

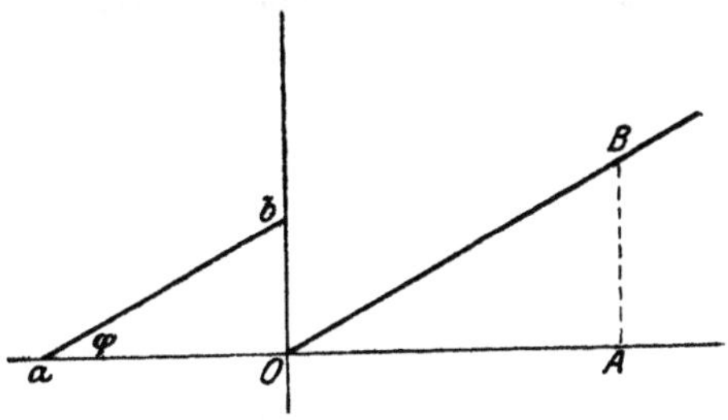

Abb. 18.

In Abb. 18 ist die Strecke $O\,a = c$ und die Strecke $O\,b =$ „1" gemacht. Die Gerade durch $a$ und $b$ hat dann die Neigung $\varphi$, wobei $\operatorname{tg}\varphi = \frac{1}{c}$ ist. Wir ziehen durch den Anfangspunkt $O$ eines Koordinatensystems, auf dessen Abszisse $i$ und auf dessen Ordinate $p$ aufgetragen ist, die Parallele zu dieser Geraden; diese hat dann die Gleichung

$$p = \frac{1}{c} i\,.$$

Ist nun die Strecke $OA = i_x$, so ist $AB = p_x$.

Betreff des Zeichnenmaßstabes ist folgendes zu erwähnen. Wir wählen für $c$ (Farad), für „1" und für den Strom $i$ beliebige Maßstäbe; die einmal gewählten Maßstäbe müssen aber für die ganze Dauer der Konstruktion beibehalten werden. Damit ist auch der Maßstab für $p$ gegeben. Wir brauchen für $i$ nur einen bestimmten Zahlenwert anzunehmen und mit Hilfe der obigen Gleichung den Wert für $p$ rechnerisch zu ermitteln. Dadurch ist dann die Strecke $AB$ geeicht. Man wird zweckmäßigerweise den Eichstrom so wählen, daß für $p$ eine runde

Zahl, z. B. 1000 Volt herauskommt. Wie wir später sehen werden, kann man auch etwas anders vorgehen.

Nehmen wir nun an, daß die Klemmen der Lademaschine an den Elektroden 1 und $n$ angelegt sind, ferner daß die Höhe des Potentials der Elektroden mit den Ordnungsnummern derselben dem Sinne nach übereinstimmt, dann ergibt sich für das Gleichungssystem:

$$\begin{aligned}
-c_{12}p_{21} - c_{13}p_{31} - c_{14}p_{41} - c_{15}p_{51} - c_{16}p_{61} &= -i_{12} - i_{13} - i_{14} - i_{15} - i_{16}\,;\\
+c_{21}p_{21} - c_{23}p_{32} - c_{24}p_{42} - c_{25}p_{52} - c_{26}p_{62} &= +i_{21} - i_{23} - i_{24} - i_{25} - i_{26}\,;\\
\dots\dots\dots\dots\dots\dots\dots\dots\dots &\dots\dots\dots\dots\dots\dots\\
c_{61}p_{61} + c_{62}p_{62} + c_{63}p_{63} + c_{64}p_{64} + c_{65}p_{65} &= \phantom{+}i_{61} + i_{62} + i_{63} + i_{64} + i_{65}\,.
\end{aligned}$$

---

## 1. Kondensatorreihen.

Das Kennzeichen für eine beispielsweise dreigliedrige Kondensatorreihe bildet ein Gleichungssystem, in dem mindestens eine Gleichung zwei Kapazitätsglieder aufweist

$$\begin{aligned}
q_1 &= c_{12}\,p_{12}\,;\\
q_2 &= c_{21}\,p_{21} + c_{23}\,p_{23}\,;\\
q_3 &= \qquad\quad\; + c_{32}\,p_{32}\,.
\end{aligned}$$

Dabei sind die Bedingungsgleichungen erfüllt

$$c_{12} = c_{21}\,; \quad c_{23} = c_{32}\,.$$

Hat die Elektrode 3 das höchste und die Elektrode 1 das niedrigste Potential, dann ist

$$\begin{aligned}
p_{12} &= -p_{21}\,;\\
p_{23} &= -p_{32}\,.
\end{aligned}$$

Durch Einführung der Ladeströme erhalten wir

$$\begin{aligned}
-i_{12} &= -c_{12}\,p_{21}\,;\\
i_{21} - i_{23} &= c_{21}\,p_{21} - c_{23}\,p_{32}\,;\\
i_{32} &= \qquad\quad\; + c_{32}\,p_{32}\,.
\end{aligned}$$

Da die Ströme $i_{21}$ und $i_{32}$ gleich groß sein müssen, ergibt sich aus Gleichung 1 und 3 oder aus Gleichung 2 allein

$$c_{12}\,p_{12} = c_{23}\,p_{23}$$

oder

$$\frac{p_{12}}{p_{23}} = \frac{c_{23}}{c_{12}}$$

d. h. die Spannungen der Elementarkondensatoren verhalten sich umgekehrt wie ihre Kapazitäten.

Die Summe der Spannungen der Elementarkondensatoren muß natürlich gleich der Gesamtspannung $P$ sein; wir erhalten also für die Teilspannungen die Gleichungen

$$p_{12} = P \frac{c_{23}}{c_{12} + c_{23}};$$

$$p_{23} = P \frac{c_{12}}{c_{12} + c_{23}}. —$$

Leitet man die Gleichungen für mehr als drei Elektroden ab, so erhält man

$$p_{12} : p_{23} : p_{34} : p_{45} \ldots : p_{n(n+1)} = c_{n(n+1)} : \ldots c_{45} : c_{34} : c_{23} : c_{12};$$

Sind die Kapazitäten der Elementarkondensatoren einander gleich, so verteilt sich die Gesamtspannung gleichmäßig auf alle Elementarkondensatoren, wie aus der Gleichung hervorgeht.

In die Klasse der Kondensatorreihen fallen auch die Anordnungen, welche zwar nur zwei Elektroden besitzen, deren Dielektrikum aber aus mehreren Materialien verschiedener Dielektrizitätskonstanten besteht. Dabei ist aber Bedingung, daß die Trennungsflächen der Dielektriken auf Niveauflächen liegen. Ist das der Fall, so können wir uns die Trennungsflächen mit einer Metallschicht belegt denken und die Anordnung nach den Gesetzen der Kondensatorreihen berechnen.

Im folgenden soll zur Vereinfachung der Schreibweise geschrieben werden: $P_1$ statt $p_{12}$, $C_1$ statt $c_{12}$ usf.

Als Beispiele für Kondensatorreihen sollen berechnet werden:

a) Plattenförmige Anordnungen.
b) Zylinderförmige Anordnungen.
c) Kombinierte Anordnungen.

## a) Plattenförmige Anordnungen.

Den einfachsten, aber sehr häufig vorkommenden Fall einer zusammengesetzten Anordnung stellt Abb. 19 dar. Sie besteht aus zwei Platten, zwischen welchen zwei verschiedenartige Isolierstoffe mit den Dielektrizitätskonstanten $\varepsilon_1$ und $\varepsilon_2$ eingebettet sind. Die Schichtdicken der beiden Isolierstoffe seien $d_1$ bzw. $d_2$.

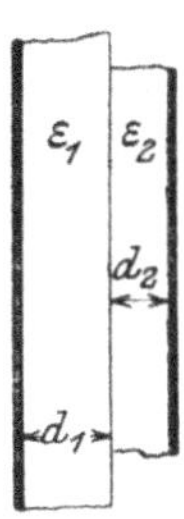

Abb. 19.

Die Grenzschicht zwischen den beiden Dielektriken liegt auf einer Niveaufläche, denn sie verläuft parallel zu den beiden Belegungen. Wir denken uns da, wo die beiden Dielektriken zusammenstoßen, eine dünne Metallschicht eingebettet, wodurch an der Feldverteilung nichts geändert wird. Die Spannung $P$ sei an den beiden äußeren Elektroden angelegt. Die Anordnung stellt also zwei hintereinandergeschaltete Plattenkondensatoren 1 und 2 dar, deren Kapazität wir nach den früheren Ableitungen berechnen können. Es ist

$$C_1 = \frac{\varepsilon_1 f_1}{4\pi d_1};$$

und

$$C_2 = \frac{\varepsilon_2 f_2}{4\pi d_2}.$$

Wir nehmen an, daß die Flächen der Belegungen $f_1$, $f_2$ gleich groß sind, also

$$f_1 = f_2 = f.$$

Wir erhalten dann die Spannungsverteilung auf die beiden Kondensatoren, wenn wir die Werte für $C_1$ und $C_2$ in die obige Gleichung für $P_1$, $P_2$ einsetzen; nach einigen elementaren Umrechnungen ergibt sich

$$P_1 = P\frac{\varepsilon_2 d_1}{\varepsilon_1 d_2 + \varepsilon_2 d_1};$$

und

$$P_2 = P\frac{\varepsilon_1 d_2}{\varepsilon_1 d_2 + \varepsilon_2 d_1}.$$

Wir können nun leicht die Beanspruchung der Isolierstoffe berechnen; denn die beiden Kondensatoren stellen die einfachen Anordnungen „zwei parallele Ebenen" dar. Es ist

$$\mathfrak{E}_1 = \frac{P_1}{d_1},$$

und

$$\mathfrak{E}_2 = \frac{P_2}{d_2};$$

oder wenn man die Werte $P_1$ und $P_2$ einsetzt

$$\mathfrak{E}_1 = P\frac{\varepsilon_2}{\varepsilon_1 d_2 + \varepsilon_2 d_1}$$

und

$$\mathfrak{E}_2 = P\frac{\varepsilon_1}{\varepsilon_1 d_2 + \varepsilon_2 d_1}.$$

Dividieren wir die letzten beiden Gleichungen durcheinander, so wird

$$\frac{\mathfrak{E}_1}{\mathfrak{E}_2} = \frac{\varepsilon_2}{\varepsilon_1}$$

d. h. die Feldstärken in den beiden Medien verhalten sich umgekehrt proportional wie die Dielektrizitätskonstanten.

Diese ist eine der wichtigsten Gleichungen der ganzen Festigkeitslehre; sie lehrt — das folgende Beispiel wird dies noch näher erläutern — die Schädlichkeit der Verwendung von Isoliermaterialien hoher Dielektrizitätskonstante neben solchen mit geringer Konstante.

Beispiel: Das Dielektrikum 1 sei Glas mit einer Durchschlagsfestigkeit von etwa 500 000 Volt pro cm und einer Dielektrizitätskonstante $\varepsilon_1 = 10$; das Dielektrikum 2 sei Luft mit $\varepsilon_2 = 1$; $d_1$ sei gleich $d_2$ gleich $d$; wir erhalten dann für die Feldstärken, wenn $P$ gleich 30 000 Volt ist

$$\mathfrak{E}_1 = 2727 \text{ Volt pro cm;}$$
$$\mathfrak{E}_2 = 27273 \text{ Volt pro cm.}$$

Die Feldstärke in Luft darf 21 000 Volt nicht überschreiten, es tritt also ein Durchschlag der Luftstrecke ein. Allerdings ist der Durchschlag kein vollkommener Kurzschluß, denn er kann sich nicht zwischen den beiden Elektroden ausbilden, sondern zwischen einer Elektrode und der Glasplatte. Für technische Zwecke wäre aber diese Konstruktion nicht brauchbar.

Nimmt man das Glas heraus, so daß das Dielektrikum nur aus Luft besteht, dann erhalten wir für die Beanspruchung der Luft

$$\mathfrak{E}_2' = 15\,000 \text{ Volt pro cm.}$$

Dieser Wert ist geringer als die Durchschlagfestigkeit der Luft. Durch das Einschieben eines Dielektrikums mit hoher Konstante wurde also die Festigkeit der Anordnung verschlechtert und für technische Zwecke unbrauchbar gemacht.

Gegen dieses Gesetz wird in der Praxis sehr viel gefehlt. Die falsche Schlußfolgerung, die gewöhnlich gemacht wird, würde im vorliegenden Fall lauten: „Die Spannung zwischen den Elektroden ist 30 000 Volt. Da bei reiner Luftisolation die Beanspruchung bereits 15 000 Volt pro cm beträgt, wird noch eine Platte mit hoher Durchschlagfestigkeit, also z. B. eine Glasplatte mit 1 cm Dicke hereingeschoben. Müßte das Glas die ganze Spannung aufnehmen, so wäre die Sicherheit gegen Durchschlag der Glasplatte $\frac{500\,000}{30\,000}$, also fast das 17fache. Da aber nicht die ganze Spannung auf das Glas entfällt, sondern ein Teil auch auf die Luft, ist die Sicherheit noch höher.“

Stellt man zwei Platten einander gegenüber und steigert die Spannung an den Platten so hoch, daß die dazwischen liegende Luftstrecke gerade nicht mehr durchschlagen wird, und schiebt man dann in die Luftstrecke eine Schicht Isoliermaterial mit hoher Dielektrizitätskonstante, so tritt sofort ein Überschlag ein, „trotzdem“ die eingeschobene Isolierschicht eine sehr hohe Durchschlagfestigkeit besitzt.

Die plattenförmigen Anordnungen kommen in der Praxis so häufig vor, daß es nicht möglich ist, alle Fälle anzuführen. Es seien hier nur einige genannt.

Bei Hochspannungsmaschinen mit Stabwicklungen ist darauf zu achten, daß die Dielektrizitätskonstanten der Stabisolation (Baumwolle usw.) und der Spulenhülse nicht zu sehr voneinander abweichen. Wird für die Spulenhülse Mikanit verwendet ($\varepsilon \cong 5$), so muß auch für das Imprägnierungsmittel der Baumwolle ein Material mit ähnlich hoher Dielektrizitätskonstante gewählt werden.

Bei Transformatoren können die Spulen Flächen bilden, die anderen Spulen, oder was noch gefährlicher ist, den Flächen des Eisenkernes gegenüber liegen. Handelt es sich um Lufttransformatoren, so hat man die Hintereinanderschaltung der Isoliermittel: Spulenisolation—Luft; bei Öltransformatoren kommt an Stelle von Luft Öl. Transformatorenöle haben meist eine Dielektrizitätskonstante von etwa 2, so daß auch unter Öl die Verwendung von Materialien mit hohen Dielektrizitätskonstanten gefährlich werden kann.

Bei Hochspannungsapparaten, z. B. Ölschaltern, Relais usw., kommen natürlich ebenfalls zahlreiche Fälle vor, wo zwei oder mehrere Dielektriken zwischen zwei plattenförmigen Elektroden eingespannt sind.

Im allgemeinen muß man es also vermeiden, Dielektriken mit verschiedenen Dielektrizitätskonstanten hintereinander zu schalten, weil dadurch die Beanspruchung des Materials mit der kleineren Dielektrizitätskonstante erhöht wird.

Von überaus großer Wichtigkeit ist der Fall, daß die Dicke $d_2$ des Dielektrikums mit der kleineren Dielektrizitätskonstante (Luft) verschwindend klein ist gegenüber der Dicke $d$ des Materials mit der größeren Konstante. Man erhält dann für die Beanspruchung des Materials mit der Dicke $d_1$

$$\mathfrak{E}_1 = \frac{P}{d_1} ;$$

und für die Beanspruchung der Luft

$$\mathfrak{E}_2 = \varepsilon_1 \cdot \mathfrak{E}_1 .$$

Befindet sich also z. B. innerhalb eines Materials eine dünne Luftschicht, so ist die Beanspruchung in dieser Schicht um so größer, je größer die Dielektrizitätskonstante des Isoliermaterials ist. Als Beispiel nehmen wir an, daß sich innerhalb der Spulenhülse einer Generatorwicklung eine Luftschicht befindet. Die Spannung $P$ gegen die Nut sei 4000 Volt, die Dicke der Spulenhülse sei 4 mm und die Dielektrizitätskonstante $\varepsilon_1 = 5$ (Mikanit); dann wird die Feldstärke innerhalb der Luftschicht

$$\mathfrak{E}_2 = 50\,000 \text{ Volt pro cm.}$$

Wenn die Luftschichtdicke größer als die freie Weglänge ist, wird in der Luftschicht Glimmlichtentladung stattfinden, die mit der Zeit zur Zerstörung der Isolierschicht führt. Ist die Schichtdicke kleiner als die freie Weglänge, so wird natürlich keine Glimmentladung auftreten, falls die Feldstärke nicht gelegentlich einmal durch Überspannungen wesentlich erhöht wird. Immerhin ist aus diesen Rechnungen ersichtlich, daß man peinlich darauf bedacht sein muß, bei allen Konstruktionen *schädliche Luftschichten* zu vermeiden. Bekanntlich werden aus diesem Grunde die Wicklungen usw. in Vakuumöfen unter Zuführung von Wärme vollständig „entlüftet", und dann in flüssige Imprägniermassen getaucht; die luftleeren Poren saugen die Füllmasse sehr begierig auf, dadurch entsteht dann eine vollständig kompakte, luftfreie Isoliermasse. Noch wirksamer ist es natürlich, wenn die Imprägniermasse unter Druck steht. Je nach der angewandten Methode spricht man in der Praxis von *Imprägnierung*, *Compoundierung* oder *Backen* der Wicklungen. Alle Verfahren, deren Einzelheiten von den Firmen geheimgehalten werden, sollen eine möglichst vollständige Vertreibung der Luftschichten bewirken.

Nachdem die im Beispiel gewählten Zahlenwerte oder ähnliche in der Praxis sehr häufig vorkommen dürften, ist es eigentlich verwunderlich, daß Durchschläge, die auf Glimmentladungen zurückzuführen sind, nicht häufiger beobachtet werden. Dabei kann es als sicher gelten, daß solche Entladungen besonders zwischen Nutenwand und Spulenhülse auftreten, da ja die Spulen nicht satt an der Nutenwand aufliegen.

Tatsächlich dürften die Verhältnisse folgendermaßen liegen: Wahrscheinlich treten die Glimmentladungen sehr häufig auf; es dauert aber wohl lange Zeit, bis die Isolation so stark zerstört ist, daß der Durchschlag eintritt. Wer im Laboratorium die Wirkung der Glimmentladungen auf Glimmer und Glimmerpräparate usw. schon aufmerksam beobachtet hat, weiß, daß gerade diese Stoffe gegen Vorentladungen sehr widerstandsfähig sind. Wir werden darüber später noch Näheres hören. Es dürfte wohl aber kein Zweifel bestehen, daß mancher Durchschlag, der auf Überspannungen zurückgeführt wurde, auf Rechnung dieser Glimmentladungen zu setzen ist.

Eine ganze Reihe von Erscheinungen, die bei Überbeanspruchung der Luft (oder des Öles) an den Rändern der Elektroden auftreten (Abb. 20), faßt man unter dem Namen *Randentladungen* zusammen. Wir werden darauf noch später zu sprechen kommen; hier aber kann bereits erwähnt werden, daß alle Konstruktionen, bei welchen die Elektroden in sanften Abrundungen vom Isoliermaterial „wegschleichen", schlecht sind, weil in den dünnen Luftschichten Glimmentladungen auftreten. Diese greifen das Material an und leiten einen frühzeitigen Durchschlag ein. Die Randentladungen können vermieden werden, wenn man Isoliermaterial mit einer möglichst kleinen

Abb. 20.

Dielektrizitätskonstante sowie die Feldstärke möglichst klein wählt. Das kann z. B. dadurch geschehen, daß man das Isoliermaterial an den Rändern wesentlich dicker wählt.

Falls die Konstruktion unter Öl gebracht wird, liegen die Verhältnisse wesentlich günstiger, denn 1. ist die Dielektrizitätskonstante des Öles etwa doppelt so groß wie die der Luft, und 2. besitzt das Öl eine wesentlich höhere Festigkeit als die Luft, zur Erzeugung von Glimmentladung ist also eine höhere Feldstärke nötig.

Wir haben bei unseren bisherigen Berechnungen angenommen, daß nur zwei verschiedene Dielektriken hintereinander geschaltet sind. Sind mehr als zwei, also $n$ Dielektriken vorhanden, so rechnet man zunächst die Kapazität von $(n - 1)$ Schichten aus und danach die Spannungsverteilung zwischen dem aus $(n - 1)$ Schichten gebildeten und dem aus der $n$ ten Schicht gebildeten Kondensator, genau wie wir es mit den Zweischichtenanordnungen getan haben. Ist dies bekannt, so kann man in ähnlicher Weise für den Kondensator mit $(n - 2)$ Schichten und der zweitletzten Schicht verfahren usf., bis die Spannungsverteilung auf alle Schichten bekannt ist. Dann kann in bekannter Weise die Beanspruchung berechnet werden.

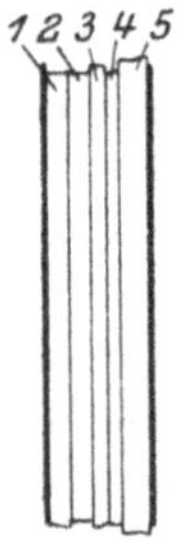


Auch auf graphischem Wege kann man solche mehrfach geschichtete Anordnungen berechnen. Es seien z. B. zwischen zwei Platten die Schichten 1, 2 . . . 5 eingebettet (Abb. 21). Die Trennschichten denken wir uns mit dünnen Metallschichten belegt und berechnen die Kapazitäten $C_1$, $C_2$ . . . $C_5$ dieser Schichten.

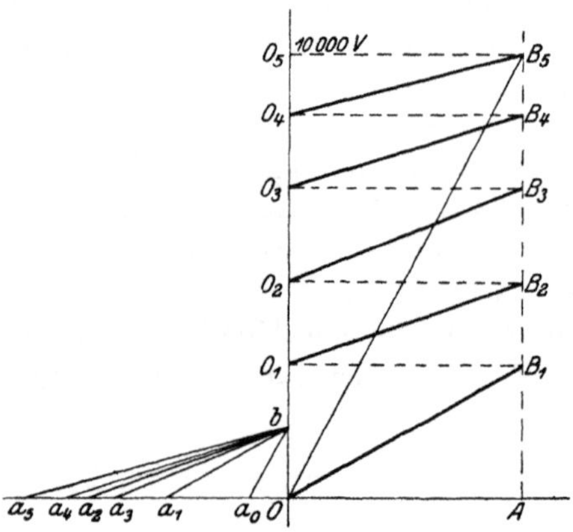


Abb. 22.

In einem beliebigen Maßstab machen wir in Abb. 22 die Strecken

$$O\,a_1 = C_1;\; O\,a_2 = C_2;\; O\,a_3 = C_3;\; O\,a_4 = C_4 \;\ldots$$

Die Punkte verbinden wir mit $b$. Wir nehmen an, daß an die beiden Endmetallplatten Gleichspannung angelegt wird. Alle Kondensatoren werden vom gleichen Strom durchflossen.

Wir machen nun die Strecke $OA$ gleich dem beliebig gewählten Strom $i$ und errichten in $A$ die Senkrechte zur Abszissenachse. Durch $O$ ziehen wir die Parallele zu $b\,a_1$ und erhalten den Schnittpunkt $B_1$. Dann ist nach unseren früheren Darlegungen $AB_1$ die Spannung der Schicht 1. In gleicher Weise können wir die Spannungen der anderen Schichten erhalten. Wir gehen jedoch besser so vor, daß wir die Spannung der zweiten Schicht über der über $B_1$ konstruieren. Zu diesem Zweck legen wir durch $B_1$ die Parallele $O_1B_1$ zur Abszissenachse und durch $O_1$ die Parallele zu $a\,b_2$. Wir erhalten dann den Schnittpunkt $B_2$. Die Strecke $B_1B_2$ stellt die Spannung der zweiten Schicht dar In dieser Weise setzen wir die Konstruktion fort. Die Strecke $AB_5$ stellt dann die Gesamtspannung dar an den Platten des Kondensators. Diese sei z. B. zu 10 000 Volt gegeben. Wenn wir nun noch keine Annahmen betreffs des Ladestromes $i$ gemacht haben, so können wir ohne weiteres die Strecke $OO_5$ zu 10 000 Volt annehmen und danach eichen. Wir können dann ablesen, wieviel Spannung auf die einzelnen Schichten trifft.

Zieht man zur Verbindungslinie $OB_5$ die Parallele durch $b$, so stellt die Strecke $Oa_0$ die Kapazität des ganzen Kondensators dar, wie ohne weiteres einzusehen ist.

Man sieht, daß die graphische Lösung einfacher ist als die rechnerische.

## b) Zylinderförmige Anordnungen.

Während die Verwendung von Isoliermaterialien mit hoher Dielektrizitätskonstante bei plattenförmigen Anordnungen im allgemeinen schädlich wirkt, kann die Einführung solcher Isoliermaterialien bei **zylinderförmigen** Anordnungen sehr **vorteilhaft** sein. Wir haben gesehen, daß durch Einführung von Stoffen mit großem $\varepsilon$ das Feld sozusagen weggedrängt wird; liegt also ein Bedürfnis vor, das Feld an Stellen mit großer Feldstärke zu schwächen, so braucht man dort nur solche Materialien anzuordnen.

Aus den Berechnungen der Anordnungen „konzentrische Zylinder" ist uns bekannt, daß die Beanspruchung an der Oberfläche des inneren Zylinders am größten ist. Umgibt man den inneren Zylinder mit einer Isoliermasse mit großem $\varepsilon$, so kann man dort die Feldstärke vermindern. Hätte man Isoliermaterialien mit allen möglichen Dielektrizitätskonstanten zur Verfügung, so könnte man durch Abstufen der Dielektrizitätskonstanten offenbar erreichen, daß die Feldstärken sich gleichmäßig auf den ganzen Isoliermantel verteilen, man müßte nur die Reihenfolge der Isolierstoffe so wählen, daß die Dielektrizitätskonstante um so kleiner wird, je weiter man sich vom Innenleiter entfernt.

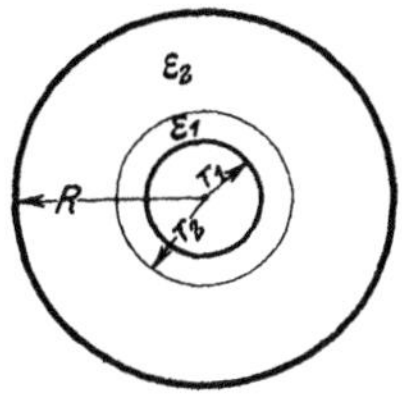

Abb. 23

Die Berechnung der Beanspruchung gestaltet sich wieder sehr einfach. In der Abb. 23 ist der Querschnitt eines Einleiterkabels dargestellt. Um den Innenleiter ist zunächst eine Isolation mit der Konstante $\varepsilon_1$ gelegt (äußerer Radius der Schicht $r_2$); auf diese folgt die Schicht mit der Konstante $\varepsilon_2$. Wir denken uns den Zylinder mit dem Radius $r_2$ mit Metall belegt (Niveaufläche); wir haben dann zwei konzentrische Zylinderanordnungen.

Nach den früheren Berechnungen ist die Kapazität der inneren Zylinderanordnung

$$C_1 = \frac{\varepsilon_1 l_1}{2 \lg n \frac{r_2}{r_1}}$$

und die der äußeren Zylinderanordnung

$$C_2 = \frac{\varepsilon_2 l_2}{2 \lg n \frac{R}{r_2}} .$$

Die Bedeutung der Bezeichnungen ist aus der Abbildung zu ersehen. Wir setzen die Längen

$$l_1 = l_2 = l .$$

Die beiden Kondensatorelemente sind hintereinander geschaltet, also ist, wenn $P$ wieder die Gesamtspannung zwischen Bleimantel und Innenleiter bedeutet:

$$P_1 = P \frac{C_2}{C_1 + C_2} = P \frac{\varepsilon_2 \lg n \frac{r_2}{r_1}}{\varepsilon_1 \lg n \frac{R}{r_2} + \varepsilon_2 \lg n \frac{r_2}{r_1}} ;$$

$$P_2 = P \frac{C_1}{C_1 + C_2} = P \frac{\varepsilon_1 \lg n \frac{R}{r_2}}{\varepsilon_1 \lg n \frac{R}{r_2} + \varepsilon_2 \lg n \frac{r_2}{r_1}} .$$

Für einen Punkt im inneren Zylinder mit der Entfernung $x_i$ vom Mittelpunkt erhält man die Beanspruchung zu

$$\mathfrak{E}_i = P \frac{\frac{\varepsilon_2}{x_i}}{\varepsilon_1 \lg n \frac{R}{r_2} + \varepsilon_2 \lg n \frac{r_2}{r_1}} ;$$

und für einen Punkt des äußeren Zylinders mit der Entfernung $x_a$ vom Mittelpunkt ergibt sich

$$\mathfrak{E}_a = P \frac{\frac{\varepsilon_1}{x_a}}{\varepsilon_1 \lg n \frac{R}{r_2} + \varepsilon_2 \lg n \frac{r_2}{r_1}} .$$

Die Beanspruchungen verhalten sich also

$$\mathfrak{E}_i : \mathfrak{E}_a = \frac{\varepsilon_2}{x_i} : \frac{\varepsilon_1}{x_a}$$

Die größte Beanspruchung ergibt sich für den Innenzylinder bei

$$x_i = r_1 ;$$

für den Außenzylinder bei

$$x_a = r_2 ;$$

also wird

$$\mathfrak{E}_{i\,\max} : \mathfrak{E}_{a\,\max} = \varepsilon_2 r_2 : \varepsilon_1 \cdot r_1 .$$

Sollen beide Beanspruchungen gleich groß sein, so muß gemacht werden

$$\varepsilon_2 r_2 = \varepsilon_1 r_1 ;$$

oder

$$\varepsilon_2 : \varepsilon_1 = r_1 : r_2 ;$$

d. h. die Entfernungen der am meisten beanspruchten Stellen vom Mittelpunkt müssen sich umgekehrt wie die Dielektrizitätskonstanten verhalten.

Will man eine vollständig gleichmäßige Spannungsverteilung auf den ganzen Querschnitt erreichen, so müssen sehr fein unterteilte Schichten gewählt werden, und es müssen sich verhalten

$$\varepsilon_1 : \varepsilon_2 : \varepsilon_3 \ldots \varepsilon_n = r_n : \ldots : r_3 : r_2 : r_1 .$$

Hätte man den ganzen Zylinder mit Isoliermaterial der Dielektrizitätskonstante $\varepsilon_2$ ausgefüllt, so wäre die größte Beanspruchung

$$\mathfrak{E}_{\max} = \frac{P}{r_1 \lg n \frac{R}{r_1}} .$$

Bei der Anordnung zweier verschiedener Isolierstoffe ist die Beanspruchung an der Stelle $r_1$

$$\mathfrak{E}_1 = \frac{P \cdot \varepsilon_2}{r_1 \left(\varepsilon_1 \lg n \frac{R}{r_2} + \varepsilon_2 \lg n \frac{r_2}{r_1}\right)}$$

(für $\varepsilon_1 = \varepsilon_2$ werden beide Gleichungen identisch).

Es verhält sich also

$$\frac{\mathfrak{E}_{\max}}{\mathfrak{E}_1} = \frac{\varepsilon_1 \lg n \frac{R}{r_2} + \varepsilon_2 \lg n \frac{r_2}{r_1}}{\varepsilon_2 \lg n \frac{R}{r_1}}$$

Dieses Verhältnis ist größer als 1, wenn $\varepsilon_1$ größer als $\varepsilon_2$ ist, was nach Annahme zutrifft, d. h. die Maximalbeanspruchung wird bei einer „geschichteten" Anordnung geringer.

Bei der Einschichtenanordnung wird nach früherem die Durchschlagspannung am größten für

$$\frac{R}{r_1} = 2{,}718 ,$$

und zwar ist sie dann

$$P_d = \mathfrak{E}_b \cdot r .$$

Ist die Festigkeit eines Isoliermaterials für $\mathfrak{E}_b = 10000$ Volt pro cm und wählen wir $r_1$ zu 0,5 cm, also $R = 1{,}36 \left(\frac{R}{r_1} = 2{,}718\right)$ so ist die Durchschlagspannung

$$P_d = 5000 \text{ Volt.}$$

Die Isolationsdicke ist dabei

$$\delta = R - r_1 = 0{,}86 \text{ cm.}$$

Bei gleichmäßig beanspruchten Schichten müßte die Isolationsdicke für eine Durchbruchspannung von 5000 Volt zu $(R' - r)$ gleich

$$\frac{5000}{10000} = 0{,}5 \text{ cm}$$

gewählt werden. (Die Berechnung erfolgt bei gleichmäßig verteilter Spannung genau wie bei plattenförmiger Anordnung.)

Der Verbrauch an Isolationsmaterial kann der Oberfläche des Querschnittes proportional gesetzt werden. Man erhält demnach für das Verhältnis des Verbrauches an Isolationsmaterial in den beiden Fällen

$$\frac{(R^2 - r_1^2)\,\pi}{(R'^2 - r_1^2)\,\pi} = \frac{1{,}6}{0{,}75} ;$$

d. h. bei gleichmäßig verteilter Spannung würde man weniger als die Hälfte des Isoliermaterials benötigen wie im Falle eines einheitlichen Isoliermaterials und des elektrisch günstigsten Verhältnisses der Radien des Innen- und Außenleiters.

Damit ist natürlich noch nicht entschieden, ob das Kabel trotz der geringen Isolationsdicke auch billiger wird. Es scheint tatsächlich nicht der Fall zu sein, denn die modernen Kabel sind durchwegs mit einheitlicher Papierisolation ausgeführt. Es läßt sich auch denken, daß besonders die Fabrikation sehr erschwert würde bei Verwendung mehrerer verschiedenartiger Isolierstoffe.

Befindet sich im Dielektrikum mit hohem $\varepsilon$ eine Luftschicht, beispielsweise auf dem Mantel des inneren Leiters, so kann man die Beanspruchung der Luft in folgender Weise leicht berechnen. Wir nehmen an, daß die Luftschicht sehr dünn ist, daß also $r_2$ ungefähr gleich $r_1$ ist. Die oben abgeleitete Gleichung

$$\frac{\mathfrak{E}_{\max}}{\mathfrak{E}_1} = \frac{\varepsilon_1 \lg n \frac{R}{r_2} + \varepsilon_2 \lg n \frac{r_2}{r_1}}{\varepsilon_2 \lg n \frac{R}{r_1}}$$

geht dann über in

$$\frac{\mathfrak{E}_{max}}{\mathfrak{E}_1} = \frac{\varepsilon_1}{\varepsilon_2}.$$

Befindet sich die Luftschicht an einer anderen Stelle, so gilt eine ähnliche Gleichung. Man hat statt $\mathfrak{E}_{max}$ nur die an der betreffenden Stelle vorhandene Feldstärke einzusetzen. Es ergibt sich also für den allgemeinen Fall

$$\mathfrak{E}_{Luft} = \varepsilon \frac{P}{x \lg n \frac{R}{r}},$$

wobei $\varepsilon$ die Dielektrizitätskonstante des Isoliermaterials ist. Man erkennt auch hier wieder den schädlichen Einfluß einer Luftschicht in Materialien mit großem $\varepsilon$.

### c) Kombinierte Anordnungen.

Auch die kombinierten zusammengesetzten Anordnungen können nur näherungsweise gelöst werden.

In Abb. 24 ist ein Drehstromkabel dargestellt. Wir haben früher angenommen, die Isolation zwischen den Leitern und dem Mantel möge ein einheitliches Dielektrikum sein; das trifft meist nicht zu; in Abb. 24 sind die gewöhnlich verwendeten Isoliermaterialien eingeschrieben. Trotzdem gestaltet sich im vorliegenden Fall die Rechnung sehr einfach, da gerade an den gefährdeten Stellen ein einheitliches Dielektrikum vorhanden ist, wie die Abbildung zeigt. Die früher von uns angestellte Kabelberechnung kann also beibehalten werden.

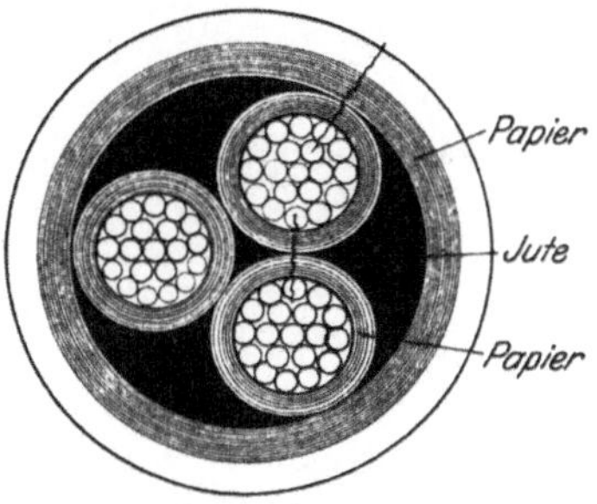

Abb. 24

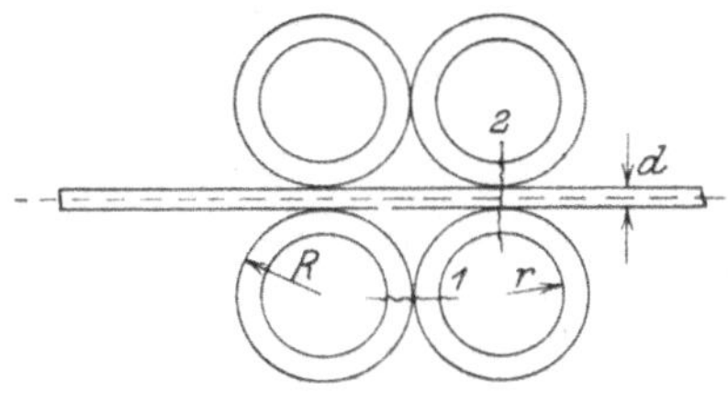

Abb. 25.

Anders liegen die Verhältnisse in dem durch Abb. 25 dargestellten Fall. Zwei Lagen Drähte, die den Durchmesser $r$ besitzen und eine Isolationsdicke $R - r$, seien durch eine Lage Isoliermaterial mit der Schichtdicke $d$ voneinander getrennt. Die Dielektrizitätskonstanten seien $\varepsilon_1$ bzw. $\varepsilon_2$, und zwar wollen wir annehmen, daß $\varepsilon_2 > \varepsilon_1$. Ein ähnlicher Fall kann z. B. in einer Nut vorliegen.

Die gefährdeten Stellen sind in der Abbildung wieder in der bekannten Weise angedeutet.

Stelle 1 wird nach der einfachen Anordnung „zwei parallele Zylinder in kleiner Entfernung voneinander" berechnet.

Bei der Berechnung der Stelle 2 nehmen wir an, daß die ebene Schicht mit einer dünnen Metallplatte belegt sei. An der Berührungsstelle der äußersten Isolationsschicht des Drahtes mit der ebenen Schicht nehmen wir nun eine beliebige Feldstärke $\mathfrak{E}_1$ an. Danach können wir die Gesamtspannung berechnen, mit welcher die Drahtisolation beansprucht wird.

In der ebenen Schicht nehmen wir ein homogenes Feld an. Die Feldstärke können wir leicht berechnen; so muß sein

$$\mathfrak{E}_2 = \frac{\varepsilon_1}{\varepsilon_2}\mathfrak{E}_1 .$$

Danach können wir auch die Spannung berechnen, mit welcher die ebene Schicht beansprucht wird. Addieren wir diese Spannungen zusammen, so sollte die Spannung resultieren, welche zwischen den beiden Drähten besteht. Das wird meist nicht der Fall sein. Wir berechnen deshalb die Spannungen nochmals unter Annahme einer anderen Feldstärke $\mathfrak{E}_1$. Schließlich können wir die wahre näherungsweise Beanspruchung leicht durch Interpolation auffinden.

## 2. Kondensatorketten.

Das Kennzeichen für eine beispielsweise sechsgliedrige Kondensatorkette bildet das Gleichungssystem

$$\begin{aligned}
q_1 &= c_{1m}\, p_{1m} + c_{12}\, p_{12}\,;\\
q_2 &= c_{2m}\, p_{2m} + c_{21}\, p_{21} + c_{23}\, p_{23}\,;\\
q_3 &= c_{3m}\, p_{3m} \qquad\qquad + c_{32}\, p_{32} + c_{34}\, p_{34}\,;\\
q_4 &= c_{4m}\, p_{4m} \qquad\qquad\qquad\qquad + c_{43}\, p_{43} + c_{45}\, p_{45}\,;\\
q_5 &= c_{5m}\, p_{5m} \qquad\qquad\qquad\qquad\qquad\qquad + c_{54}\, p_{54} + c_{56}\, p_{56}\,;\\
q_6 &= c_{6m}\, p_{6m} \qquad\qquad\qquad\qquad\qquad\qquad\qquad\qquad + c_{65}\, p_{65}\,.
\end{aligned}$$

Das System unterscheidet sich von dem der Kondensatorreihen dadurch, daß die Gleichungen mehr als zwei Kapazitätsglieder aufweisen und speziell noch dadurch, daß alle Elektroden gegen eine gemeinschaftliche Elektrode Kapazität besitzen.

Für den in Abb. 28 dargestellten Fall ist

$$\begin{aligned}
c_{1m} &= c_{2m} = c_{3m} = \ldots c\\
c_{12} &= c_{23} = c_{34} = \ldots C.
\end{aligned}$$

Wir nehmen ferner an, daß die Elektroden $m$ und 1 miteinander verbunden und geerdet sind. Die Elektrode 6 möge wieder das größte Potential haben. Dann ist

$$p_{1m} = 0\,; \quad p_{6m} = P$$

und wir können nach Einführung der Ströme schreiben:

$$\begin{aligned} C\,p_{12} &= i_{12}\,; \\ c\,p_{2m} + C\,p_{21} + C\,p_{23} &= i_{2m} + i_{21} + i_{23}\,; \\ c\,p_{3m} + C\,p_{32} + C\,p_{34} &= i_{3m} + i_{32} + i_{34}\,; \\ c\,p_{4m} + C\,p_{43} + C\,p_{45} &= i_{4m} + i_{43} + i_{45}\,; \\ c\,p_{5m} + C\,p_{54} + C\,p_{56} &= i_{5m} + i_{54} + i_{56}\,; \\ C\,p_{65} \qquad\qquad &= i_{65}\,. \end{aligned}$$

Es gelten nun noch folgende Bedingungsgleichungen:

$$\begin{aligned} p_{12} &= -p_{21}\,; \quad i_{12} = -i_{21}\,; \\ p_{23} &= -p_{32}\,; \quad i_{23} = -i_{32} \quad \text{usf.} \end{aligned}$$

Ferner muß die Summe aller Ströme einer Elektrode gleich Null sein, denn die zufließenden Ströme müssen gleich den wegfließenden sein. Nur bei der ersten und letzten Gleichung ist diese Bedingung nicht erfüllt, weil wir die Ströme in den Zuleitungen nicht eingeführt haben.

Auch über die Spannungen $p_{xm}$ können wir noch einiges aussagen. Wie man aus der Abbildung ohne weiteres ablesen kann, ist z. B.

$$\begin{aligned} p_{2m} &= p_{21}\,; \\ p_{3m} &= p_{32} + p_{21} \quad \text{usf.} \end{aligned}$$

Diese Bedingungsgleichungen genügen zur Lösung des Gleichungssystems, wenn außer den Kapazitäten, die wir ja als bekannt angenommen haben, noch eine einzige andere Größe bekannt ist. Wir können also das Gleichungssystem lösen, wenn wir z. B. für $p_{12}$ ($= -p_{21}$) der ersten Gleichung einen Wert annehmen. Dies geht aus der folgenden Tabelle hervor, die den Gang der Lösung zeigt.

| In Gleichung | ist | daraus ergibt sich: | ferner ist: | daraus ergibt sich: |
|---|---|---|---|---|
| Nr. 1 | $p_{21}$ bekannt (durch Annahme) | $i_{21}$ | | |
| Nr. 2 | $p_{2m} = p_{21}$ | $i_{2m}$ | $i_{2m} + i_{21} = i_{32}$ | $p_{32}$ |
| Nr. 3 | $p_{3m} = p_{32} + p_{2m}$ | $i_{3m}$ | $i_{3m} + i_{32} = i_{43}$ | $p_{43}$ |
| Nr. 4 | $p_{4m} = p_{43} + p_{3m}$ | $i_{4m}$ | $i_{4m} + i_{43} = i_{54}$ | $p_{54}$ |
| Nr. 5 | $p_{5m} = p_{54} + p_{4m}$ | $i_{5m}$ | $i_{5m} + i_{54} = i_{65}$ | $p_{65}$ |
| Nr. 6 | $p_{65}$ bekannt; | | | $P = \sum p_{n\,(n-1)}$ |

Führt man die Rechnung in dieser Weise durch, so erhält man schließlich für $P$ einen bestimmten Wert $P_x$. Wahrscheinlich wird nicht gerade der Wert $P$ resultieren, für den man die Anordnung berechnen will, sondern ein kleinerer oder größerer. Man kann nun die Rechnung wiederholen für einen größeren oder kleineren Anfangswert $p_{21}$. Trägt man in einem Koordinatensystem die Werte $P_x$ abhängig von dem jeweils gewählten Wert $p_{21}$ auf, so erhält man eine durch den Koordinatenanfangspunkt gehende gerade Linie. Daraus können wir folgern, daß es gar nicht nötig ist, die Berechnung so lange zu wiederholen, bis man den richtigen Wert von $P$ erhalten hat, wir brauchen vielmehr nur alle Werte von $p_{n(n-1)}$ mit $\frac{P}{P_x}$ zu multiplizieren, um die richtige Spannungsverteilung zu erhalten. Bei Anwendung der graphischen Methode macht sich dies besonders einfach, man braucht nur den Ordinatenmaßstab umzueichen.

Als Beispiele für Kondensatorketten betrachten wir im folgenden:

a) Kettenisolatoren.
b) Überspannungsschutzapparate.
c) Kondensatorketten mit mehrfach verketteten Elektroden.

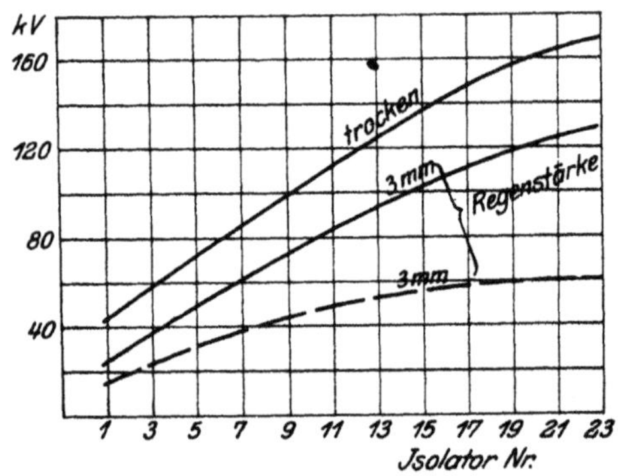


Abb. 26.

## a) Kettenisolatoren.

Mit dem Anwachsen der für die Übertragung der elektrischen Energie nötigen Spannungen sind die Schwierigkeiten gestiegen, die Freileitungen gegen das Gestänge zu isolieren; denn die Größe und damit auch das Gewicht und die Kosten von Stützisolatoren nehmen viel rascher zu als die zu isolierende Spannung. Dies geht sehr

Abb. 27.

deutlich aus der Abb. 26 hervor, welche die Überschlagspannungen (ausgezog. Kurven) und die Vorentladungsspannungen (gestrich. Kurve) abhängig von der Typengröße zeigt.

Hewlett ist auf den Gedanken gekommen, kleinere Typen von Isolatoren, also solche, welche noch wirtschaftlich gebaut werden können, zu einer Kette aneinanderzureihen und daran die Hochspannungsleitung aufzuhängen. In Abb. 27 sind mehrere Typen solcher Isolatoren (Porzellanfabrik Hermsdorf) dargestellt.

Man sollte nun meinen, daß bei einer Kette, die aus $n$ Gliedern besteht, deren jedes $P$ Volt zu isolieren vermag, eine Gesamtspannung von $n \cdot P$ Volt isoliert werden könne. Dies ist aber eigentümlicherweise nicht der Fall, die Spannung verteilt sich nicht gleichmäßig auf die einzelnen Glieder; die Erfahrung lehrt, daß das der Leitung zunächst liegende Glied zuerst überschlägt. Unsere Aufgabe ist es, die Spannungsverteilung längs der Kette zu ermitteln, um danach die Beanspruchung der Isolatoren selbst berechnen zu können.

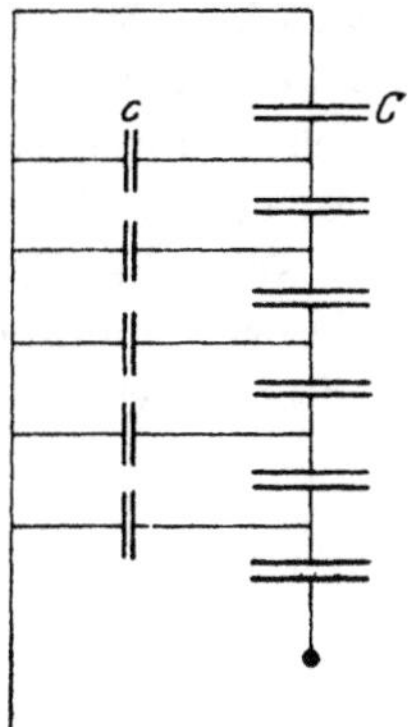

Abb. 28.

Jedes Isolatorglied der Kette stellt einen Kondensator dar, der zusammengesetzt ist aus dem Dielektrikum (Porzellan) und den durch die Armaturteile (Isolatorkappe — Tragbolzen) sowie dem Mast gebildeten Elektroden. Die Isolatorkette kann man also durch die Ersatzschaltung nachbilden, die in Abb. 28 dargestellt ist; daraus sehen wir, daß die Kettenisolatoren eine Kondensatorkette mit einfacher Verkettung darstellen.

Wir nehmen für die graphische Berechnung der Spannungsverteilung an, daß das ganze System von einer Gleichstromquelle aufgeladen wird, deren Pole einerseits an die Leitung, andererseits an den Mast angelegt sind; die Aufladung möge mit konstantem Gleichstrom erfolgen.

Der Strom wird sich auf die einzelnen Elemente so verteilen, wie in Abb. 29 angegeben ist. Aus dieser Abbildung sind auch alle anderen Bezeichnungen zu entnehmen. Wir setzen vorderhand die Kapazitäten $C_1$, $C_2$ ... gleich groß und gleich $C$, und die Kapazitäten $c_1$, $c_2$ ... ebenfalls gleich groß und gleich $c$. In Abb. 30 ist also $ao$ gleich $C$, $\overline{a'o}$ gleich $c$ und $\overline{ob}$ gleich „1" gemacht.

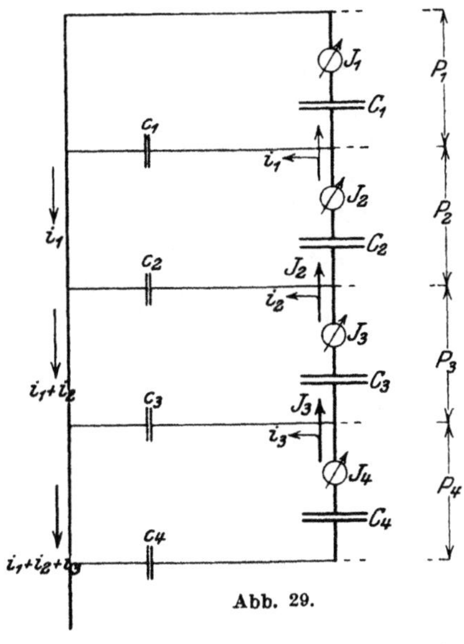

Abb. 29.

Bei der graphischen Berechnung beginnen wir zweckmäßigerweise bei dem Elementarkondensator $C_1$, wir bewegen uns also bei der Berechnung entgegen dem Stromverlauf. Natürlich wissen wir noch nicht, wie groß der auf diesen Isolator entfallende Strom und Spannungsanteil ist; wir nehmen aber probeweise die Strecke für den Strom $J_1$ gleich $\overline{o\,d_1}$ an (Abb. 30), ohne uns festzulegen, wieviel Ampere diese Strecke bedeuten soll. In $d_1$ errichten wir die Senkrechte zur Abszissenachse und ziehen durch $O$ die Parallele zu $\overline{a\,b}$; wir erhalten dann die Spannung des ersten Kettengliedes zu $\overline{d_1\,f_1} = P_1$ Volt.

Wie die Ersatzschaltung zeigt, liegt auch der Kondensator $c_1$ an dieser Spannung; wir können die Strecke für den Strom $i_1$ leicht ermitteln; wir ziehen durch $o$ die Parallele zu $\overline{a'\,b}$ und erhalten den Schnitt-

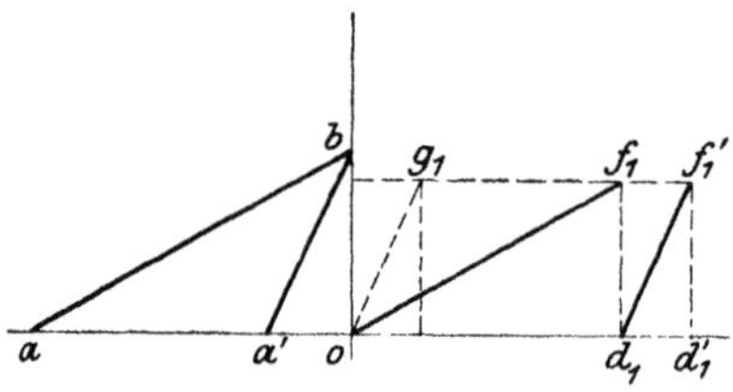


Abb. 30.

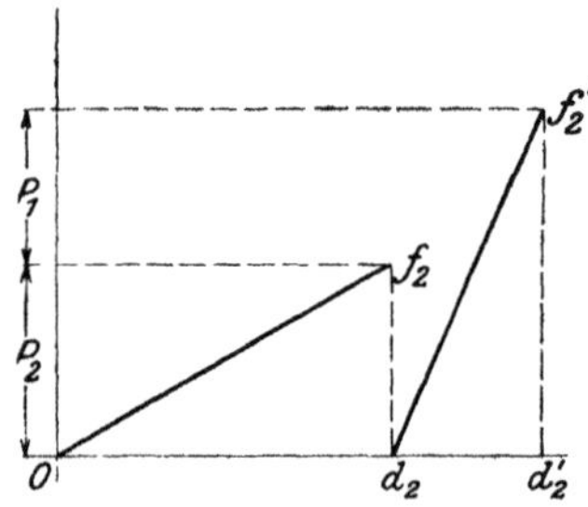


Abb. 31.

punkt $g_1$ mit der Parallelen zur Abszissenachse durch den Punkt $f_1$. Wie groß der Strom $i_1$ in Amp. ist, wissen wir damit noch nicht; wir wissen lediglich, wie groß er im Vergleich zu $J_1$ ist.

Der Kondensator $C_2$ muß nach dem Ersatzschema nunmehr den Strom $J_1 + i_1$ führen. Wir werden, da es auf die Summe der Ströme ankommt, deshalb besser die Konstruktion des Stromes $i_1$ an den Strom $J_1$ anfügen, indem wir die Parallele zu $\overline{a'\,b}$ im Punkt $d_1$ ziehen. Wir erhalten dann den Schnittpunkt $f_1'$ und danach den Strom $i_1$ zu $\overline{d_1\,d_1'}$. Der Strom $J_1 + i_1$ wird also durch die Strecke $\overline{o\,d_1'}$ dargestellt.

Nun übertragen wir den Strom $\overline{O\,d_1}$ in das Diagramm Abb. 31 (gleich $\overline{O\,d_2}$), errichten in $d_2$ die Senkrechte zur Stromachse und ziehen durch $O$ die Parallele zu $\overline{a\,b}$; wir erhalten dann die Spannung $P_2$ des zweiten Kettengliedes zu $\overline{d_2\,f_2}$. Diese Spannung ist größer als die Spannung $P_1$, weil $C_2$ einen größeren Strom führen muß als $C_1$.

Der Kondensator $c_2$ liegt nach dem Ersatzschema an der Spannung $P_1 + P_2$. Über $P_2$ im Diagramm Abb. 31 tragen wir noch $P_1$ auf und ziehen die Parallele zur Stromachse. Den Strom $i_2$ erhalten wir dann in sehr einfacher Weise. Wir legen durch $d_2$ die Parallele zu $\overline{a'\,b}$ und erhalten den Schnittpunkt $f_2'$ und damit den Strom $i_2$ zu $\overline{d_2\,d_2'}$.

Im Kettenglied $C_3$ fließt nunmehr der Strom $J_2 + i_2$; wir können hierfür wieder die zugehörige Spannung $P_3$ konstruieren usf.

Diese Diagramme können wir zu einem Diagramm vereinigen, wodurch die Konstruktion noch wesentlich bequemer wird. Wir setzen zweckmäßigerweise die Diagramme so aufeinander, daß wir auf der Ordinatenachse die Spannung $P_1$, $P_2$, $P_3$ ... übereinander erhalten, so wie wir sie für die Konstruktion der nächstfolgenden Spannung brauchen.

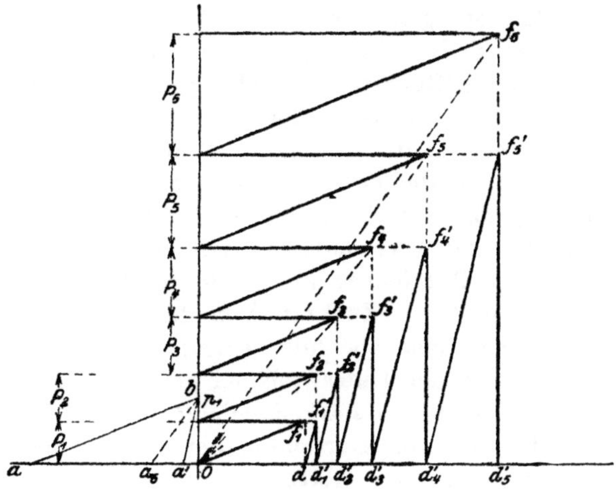
Abb. 32.

In Abb. 32 ist die Konstruktion des ganzen Diagrammes für sechs Hängeisolatoren durchgeführt.

Aus der Konstruktion erkennt man deutlich, warum die Spannung pro Kettenglied zunehmen muß, und zwar um so mehr, je näher das Glied der Leitung liegt; die Spannung an den Kondensatoren $c_1$, $c_2$ ... wird eben um so größer, je näher sie der Leitung liegen und damit auch ihr Ladestrom, und dieses hat wieder zur Folge, daß die Kettenglieder immer größer werdenden Ladestrom führen müssen.

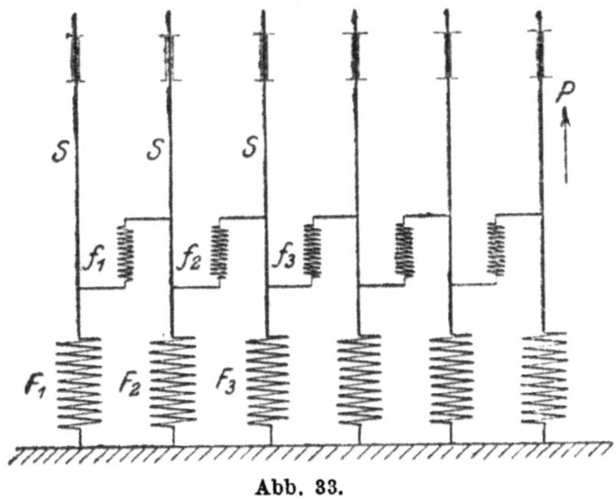

Abb. 33.

Die Erkenntnis der Erscheinungen wird noch vertieft, wenn wir die Vorgänge an dem folgenden **Federnmodell** näher studieren. Man kann die Kondensatorkette durch geeignete Federnkombinationen nachbilden[1]). In Abb. 33 ist das Federnmodell für die Hängeisolatoren dargestellt. Die Stangen $S$ sind in Geradführung gelagert und miteinander durch die Federn

[1]) Ist die Federspannung gleich $P$, die Dehnung gleich $J$ und die Federkonstante gleich $k$, so gilt die Gleichung

$$P = k J,$$

die analog der Kondensatorgleichung ist.

$f_1$, $f_2$, $f_3$ ... gekuppelt; mit dem Boden sind die Stangen durch die Federn $F_1$, $F_2$, $F_3$ ... verbunden. Wenn man an der letzten Stange mit der Kraft $P$ zieht, so werden dadurch sämtliche Stangen gehoben, jedoch nicht alle gleich hoch; die der letzten am nächsten liegenden Stangen werden am höchsten gehoben und damit die zugehörigen Federn $F_n$, $F_{n-1}$ ... am meisten gespannt. Man sieht also, daß sich die Zugkraft $P$ nicht gleichmäßig auf die einzelnen Federn $F_1$, $F_2$, $F_3$ ... verteilt. Bei näherem Zusehen erkennt man folgendes: Wir betrachten die Stange 1. Wird diese z. B. um 1 cm gehoben, so wird dadurch die Feder $F_1$ um 1 cm gedehnt, wozu eine gewisse Zugkraft $P_1$ nötig ist. Will man die Dehnung der Feder um 1 cm aufrechterhalten, jetzt aber dadurch, daß man an der Stange 2 zieht, so muß die Stange 2 offenbar um mehr als 1 cm gehoben werden, denn die Feder $f_1$ muß die Zugkraft von der Stange 2 auf die Stange 1 übertragen, wird also ebenfalls gedehnt; die Stange 2 muß demnach um die Dehnung der Feder $f_1$ höher gehoben werden, als die Stange 1, die Feder $F_2$ wird also stärker gedehnt als die Feder $F_1$ usf. Konstruktiv wird die Spannungsverteilung bei diesem Modell ebenso ermittelt wie bei der elektrischen Kette.

In diesem Modell entsprechen also die Federn $F_1$, $F_2$ ... den Kondensatoren $C$ und die Federn $f_1$, $f_2$ ... den Kondensatoren $c$.

Bringt man an den einzelnen Stangen Zeiger und geeichte Skalen an, so kann man die Dehnung bzw. Kräfte $P_1$, $P_2$ ... direkt ablesen; man kann das Modell also direkt zur Lösung der Aufgabe, die Spannungsverteilung bei Hängeisolatoren zu ermitteln, benützen.

Aus dem Kondensatorkettendiagramm lassen sich interessante Schlußfolgerungen ziehen.

Führt man die Konstruktion unter Annahme anderer Ströme durch und trägt man die sich ergebenden Spannungen als Funktion der Ladeströme auf, so erhält man ein Geradenbüschel durch den Koordinatenanfangspunkt, d. h. zwischen Ladeströmen und Spannungen besteht eine lineare Beziehung. Es kommt danach nicht darauf an, ob wir bei der Konstruktion gerade den Strom wählen, der sich bei der gegebenen Linienspannung einstellt; wir tragen die sich ergebenden Spannungen als Funktion der Ordnungszahl der Glieder in Prozent der Gesamtspannung $P$ auf (Abb. 34) und können dann für jede beliebige Spannung aus der Kurve die auf die einzelnen Glieder entfallenden Spannungen berechnen. Würde sich die Spannung gleichmäßig verteilen, müßte sich für die Spannungsverteilung eine gerade Linie ergeben. Die Kurven der Abb. 34 sind für eine zehngliedrige Kette ermittelt.

Wiederholt man die Konstruktion für verschiedene Werte von $C$, aber bei festgehaltenem $c$, so findet man, daß die Spannungsverteilung um so mehr sich der geraden Linie nähert, je größer $C$ gewählt wird. Ändert man auch noch $c$, so ergibt sich, daß die Spannungsverteilung für alle Werte von $C$ und $c$, bei welchen das Verhältnis $\frac{c}{C}$ dasselbe ist, die gleiche ist; d. h. also, die Spannungsverteilung ist nur vom Verhältnis $\frac{c}{C}$ abhängig. Je mehr sich dieses dem Werte Null nähert,

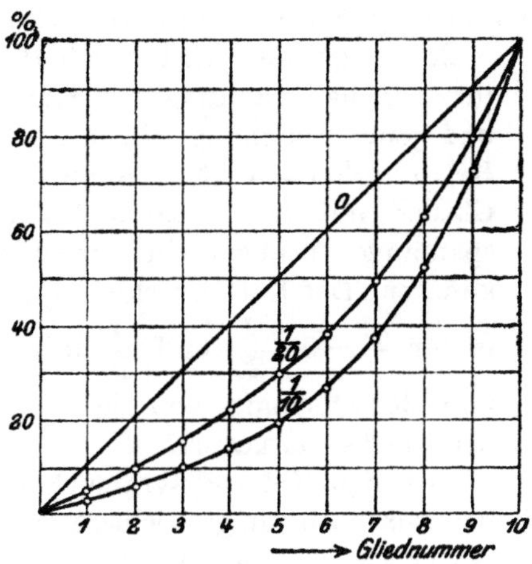

Abb. 34.

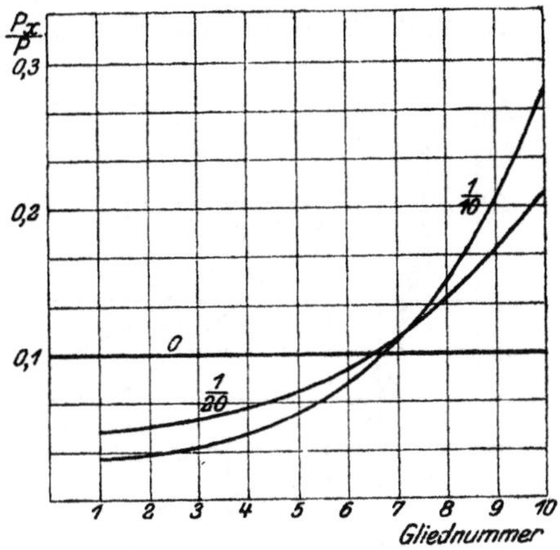

Abb. 35.

um so gleichmäßiger wird die Spannungsverteilung. In Abb. 34 ist die Spannungsverteilung für mehrere Werte von $\frac{c}{C}$ angegeben, nämlich für

$$\frac{c}{C} = 0\,, \frac{1}{20}\,, \frac{1}{10}\,.$$

In Abb. 35 sind die Werte $\frac{P_1}{P}\,, \frac{P_2}{P}\,, \frac{P_3}{P} \ldots$ für jedes Kettenglied aufgetragen bei verschiedenen Werten von $\frac{c}{C}$. Man sieht daraus noch deutlicher, wie stark die Spannungen der einzelnen Kettenglieder voneinander abweichen.

Nachdem nun die Spannungsverteilung auf die einzelnen Kettenglieder bekannt ist, kann die Berechnung derselben auf elektrische Festigkeit erfolgen. Freilich haben die Porzellanglocken meist Formen, die sehr stark von den uns bekannten einfachen Anordnungen abweichen. Wir werden aber im nächsten Abschnitt eine Methode kennenlernen, mit deren Hilfe die Beanspruchung auch komplizierter Formen ermittelt werden kann.

Aus Abb. 32 sind noch weitere Kurven abgeleitet, die in Abb. 36 dargestellt sind. Sie geben an, wie groß die auf das letzte Glied entfallende Spannung im Verhältnis zur Gesamtspannung ist in Abhängigkeit von der Gesamtzahl der Glieder. Man sieht daraus, daß eine Erhöhung der Gliederzahl über eine gewisse Grenze (bei $\frac{c}{C} = \frac{1}{10}$ etwa über 4 bis 5 Glieder) keine wesentliche Erhöhung der Gesamtspannung mehr herbeiführt. Es wäre also falsch, anzunehmen, daß man nur die Gliedzahl zu erhöhen brauche, um höhere Spannungen zu isolieren.

Peek hat den Begriff „Kettenwirkungsgrad" eingeführt. Man versteht darunter das Verhältnis $\eta$, welches gebildet wird durch die tatsächliche Spannung der Kette und jener Spannung, die an der Kette vorhanden wäre, wenn alle Glieder mit der größten Gliedspannung beansprucht werden könnten. Der Kettenwirkungsgrad ist für $\frac{c}{C} = 0$, $\frac{1}{20}$ und $\frac{1}{10}$ in Abbild. 36 abhängig von der Zahl der Glieder dargestellt.

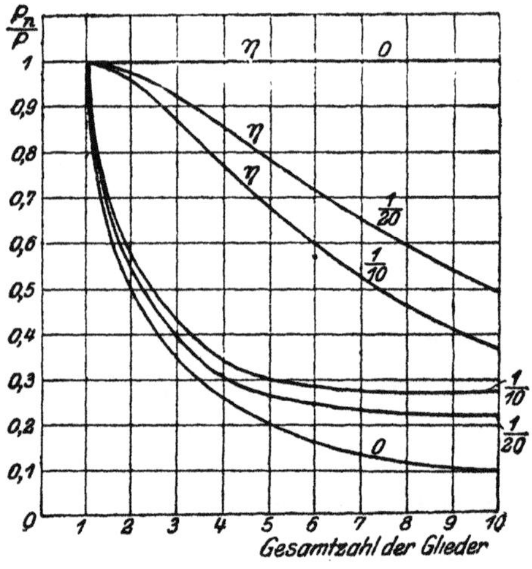


Abb. 36.

Aus dem Kettendiagramm können wir noch einige wichtige charakteristische Kurven ableiten.

Legen wir durch $O$ und $f_6$ die Gerade $O f_6$, so gibt diese das Anwachsen der ganzen Kettenspannung abhängig vom Ladestrom $J$ an. Zieht man durch $b$ die Parallele zu dieser Geraden, so schneidet sie auf der Achse eine Strecke $O\,\alpha_6$ ab; diese stellt die resultierende Kapazität der ganzen Kette dar. In ähnlicher Weise kann man die resultierende Kapazität der Kette vom ersten bis fünften, vierten Glied ermitteln, wenn man durch $O$ und $f_5'$, $f_4'$, $f_3'$ . . . die Geraden legt und hierzu durch $b$ die Parallelen zieht. Die Kenntnis der resultierenden Kapazität ist zur Berechnung der Ladeströme einer Leitung nötig.

Sehr wichtig ist für uns noch eine andere Charakteristik, die „Stromverteilungscharakteristik". Kennt man z. B. den Strom, der durch das Kettenglied $C_6$ fließt, so ist die Frage, wie sich dieser Strom auf den Kondensator $c_5$ und die Kondensatorgruppe $C_5$ bis einschließlich $C_1$ verteilt (wir können uns diese Kondensatorgruppe durch einen einzigen Kondensator ersetzt denken, dessen Kapazität zu ermitteln wir eben gelernt haben). Die Stromverteilungscharakteristik muß eine gerade Linie sein; denn zwischen den Spannungen und Strömen besteht eine lineare Abhängigkeit. Wir brauchen also zur Konstruktion dieser Charakteristik nur einen Punkt und können demnach die Charakteristik bereits aus dem Kettendiagramm finden. Wir tragen auf der Abszissenachse in Abb. 37 den gesamten Strom $\Sigma J, i$ (im vorliegenden Fall, wo wir die Stromverteilung vom sechsten Glied ab kennen wollen, den Strom $O\,d_5'$) auf und auf der Ordinatenachse den Strom durch die Kondensatorgruppe $C_5$ bis $C_1$, $c_1$. Die Gerade durch den Koordinatenanfangspunkt und den so ermittelten Punkt stellt die Stromverteilungscharakteristik dar. In ähnlicher Weise können wir die Charakteristiken I, II . . . finden. Wir werden später von diesen Charakteristiken noch eingehend Gebrauch machen.

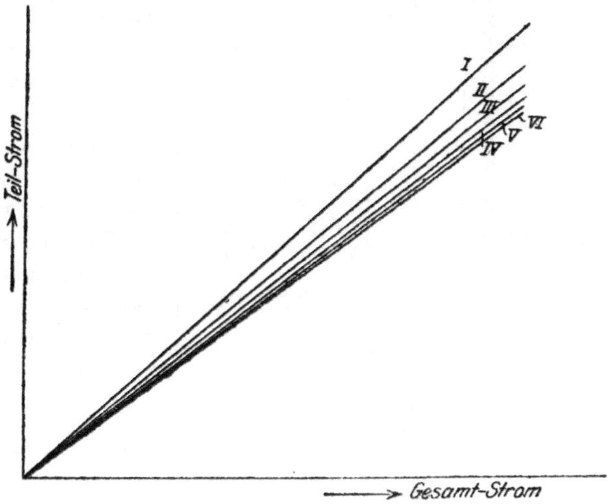


Abb. 37.

Endlich soll aus dem Kettendiagramm noch folgende interessante Kurve abgeleitet werden.

W. Weicker hat an Kettenisolatoren folgenden Versuch angestellt: Es wurde zunächst ein Glied aufgehängt und die Spannung bis zum Durchbruch der Luft gesteigert. Damit ist die Spannung bekannt, welche ein Glied aushalten kann. Danach wurde noch ein zweites Glied angehängt und die Spannung wieder bis zur Durchbruchsgrenze gesteigert. Wie uns bereits bekannt ist, erfolgt bei mehreren hintereinandergeschalteten Isolatoren der Durchbruch stets an dem der Leitung zunächst liegenden Glied, im vorliegenden Fall also am zweiten Glied. Danach wurde ein drittes Glied angehängt usf. Trägt man die Durchbruchspannung als Funktion von der Zahl der Glieder auf, so ergibt sich die Kurve a Abb. 38 (Überschlagscharakteristik).

Diese Kurve kann man auch aus dem Kettendiagramm ableiten. Es wurde angenommen, für den betreffenden Isolator wäre $\frac{c}{C} = \frac{1}{20}$, und hierfür wurde das Diagramm konstruiert.

Wir setzen nun die Spannung $P_2$ des Diagramms gleich 30 000 Volt; denn das ist die Durchbruchspannung der verwendeten Isolatortype. Damit haben wir den Maßstab gewonnen zur Berechnung von $P_1$, und wir kennen den Wert $P_1 + P_2$ für eine Kette mit zwei Isolatoren.

Des weiteren setzen wir $P_3$ im Diagramm gleich 30 000 Volt und eichen damit die Spannungen $P_1$ und $P_2$; es ergibt sich dann $P_1 + P_2 + P_3$ für eine Kette mit drei Gliedern usf. Tragen wir diese Spannungen abhängig von der Zahl der Glieder auf, so erhalten wir die Kurve b der Abb. 38, die dem Charakter nach sehr gut mit der experimentell ermittelten Kurve übereinstimmt.

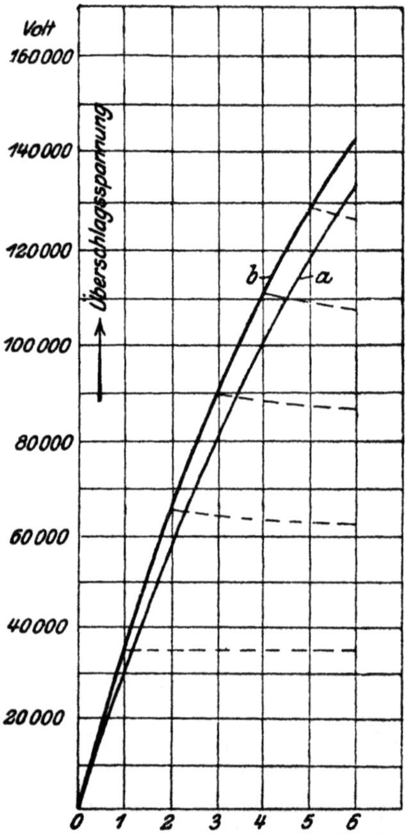

Abb. 38.

In der Abb. 38 sind auch die Spannungen am untersten, vorletzten usw. Glied eingetragen. Man sieht, daß die Spannung am untersten Glied fast unverändert bleibt, während die Spannungen an den anderen Gliedern um so mehr abnehmen, je weiter oben sie liegen.

Durch diesen Versuch ist die Richtigkeit der Annahme bestätigt, daß die Kettenisolatoren eine Kondensatorkette darstellen. Umgekehrt kann man aus der experimentell aufgenommenen Überschlagscharakteristik das Verhältnis $\frac{c}{C}$ eines Isolators ermitteln. Man zeichnet unter Annahme eines Wertes für dieses Verhältnis die Überschlagscharakteristik und sieht zu, ob sich die so erhaltene Kurve mit der experimentell ermittelten deckt. Das Verfahren wiederholt man unter Annahme anderer Werte so lange, bis man eine genügende Übereinstimmung erhält.

Nachdem uns nun die Tatsache und die Gründe der ungleichmäßigen Spannungsverteilung bekannt sind, drängt sich die Frage auf, durch welche Mittel die Verteilung der Spannung gleichmäßiger und dadurch der Kettenwirkungsgrad besser gemacht werden kann. Ein Mittel ist uns bereits bekannt: Man muß das Verhältnis $\frac{c}{C}$ möglichst klein, d. h. $C$ möglichst groß machen. Allerdings wird dadurch der Ladestrom nicht unwesentlich erhöht. Ein anderes Mittel besteht darin, daß man die Kapazität $C$ abstuft, ohne daß dadurch die Kapazität $c$ wesentlich geändert wird. Das ist technisch durchführbar, denn die Kapazität $C$ eines Gliedes hängt hauptsächlich von der Schichtdicke des Porzellans zwischen Metallkappe und Tragbolzen ab; ändert man diese bei sonst gleicher Form des Isolators, so kann dadurch $C$ geändert werden, während $c$ konstant bleibt.

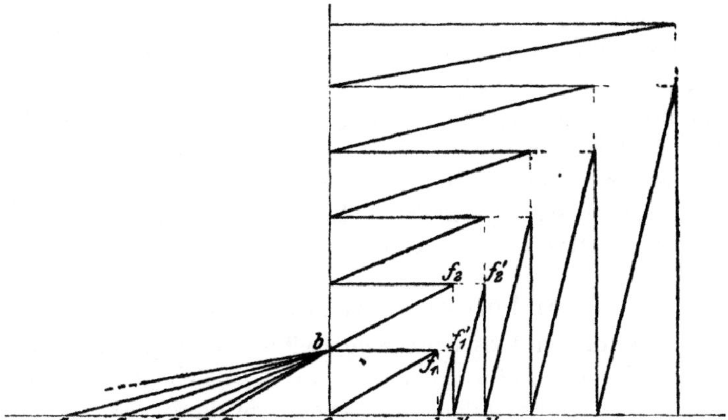

Abb. 39.

Die Abstufung von $C$ kann man leicht mit Hilfe des Kettendiagramms ermitteln (Abb. 39). Strom und Spannung des Kondensators $C_1$ werden wie früher konstruiert. Bei der weiteren Konstruktion geht man dann so vor: Die Strecke $f_1' f_2$ wird gleich $d_1' f_1'$ $(= P_1)$ gemacht, denn alle Glieder sollen die gleiche Spannung haben; dann wird $f_2$ mit $P_1$ verbunden. Die Parallele $P_1 f_2$ durch $b$ schneidet auf der Achse die Größe der Kapazität $C_2$ ab. In dieser Weise wird die Konstruktion weitergeführt. In Abb. 40 ist die Abstufung der Kapazitäten $C_1$, $C_2$ . . . , für welche sich eine gleichmäßige Spannungsverteilung ergibt, eingezeichnet. Wiederholt man die Konstruktion für verschiedene Werte von $C_1$, so findet man, daß sich die Kurve für die Kapazitäten der einzelnen Glieder um so mehr der Geraden nähert, je größer man $C_1$, d. h. je kleiner man das Verhältnis $\frac{c_1}{C_1}$ wählt.

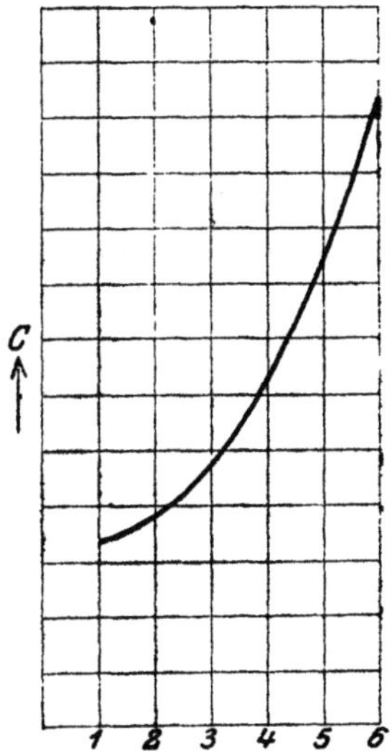

Abb. 40.

Für die Konstruktion bereitet es natürlich keine Schwierigkeiten, wenn die Bedingung $c_1 = c_2 = c_3 = c_4 \ldots = c$ nicht mehr erfüllt ist. Man erkennt ohne weiteres, daß es nicht möglich ist, eine gleichmäßige Spannungsverteilung bei der Bedingung $C_1 = C_2 = C_3 = \ldots = C$ durch Veränderung von $c_1, c_2, c_3 \ldots$ allein herbeizuführen.

Die Spannungsverteilung der Kette kann unter der Annahme, daß $C_1 = C_2 = \ldots = C$ und $c_1 = c_2 \ldots = c$ auch auf analytischem Wege berechnet werden. Bragstad und la Cour[1]) haben die Aufgabe mit Hilfe der Differentialgleichung für das System gelöst unter der Annahme einer unendlich feinen Unterteilung der Kette. Neuerdings hat R. Rüdenberg[2]) eine sehr einfache Methode zur Berechnung der Spannungsverteilung bekanntgegeben. Rüdenberg stellt für die Kette eine Differenzengleichung auf, die eine genaue und einfache Lösung in geschlossener Form gestattet. Auf diese Arbeiten sei hier verwiesen. Die im vorhergehenden gefundenen Resultate werden vollständig durch die analytische Methode bestätigt.

## b) Überspannungsschutzapparate.

In der Technik gibt es noch eine Reihe von Apparaten, welche zur Gruppe der Isolatorketten gehören und bezüglich der Spannungsverteilung die gleichen Erscheinungen zeigen wie diese. Es ist zu nennen:

**Der Rollenüberspannungsschutz.** Dieser besteht aus einer Reihe nebeneinander angeordneter Metallzylinder (Abb. 41), deren erster mit der zu schützenden Leitung und deren letzter mit der Erde verbunden ist. Zwischen je zwei Zylindern ist ein Luftzwischenraum. Die Rollen

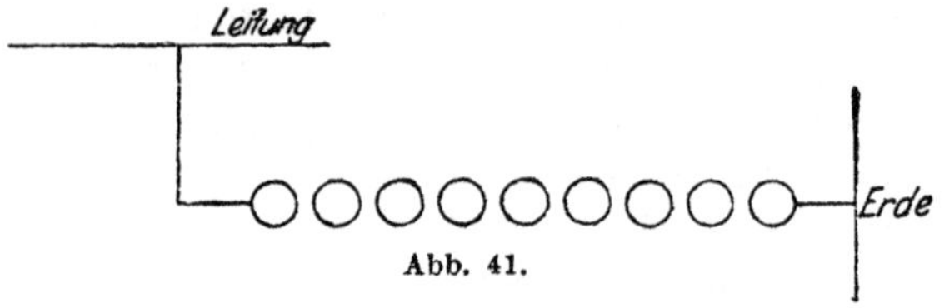

Abb. 41.

haben wie der bekannte Hörnerüberspannungsschutz die Aufgabe, auftretende Überspannungen auszugleichen. Das geschieht in folgender Weise: Die Rollen werden so eingestellt, daß bei der normalen Spannung die Luftstrecke nicht durchschlagen wird. Bei auftretenden Überspannungen, also bei Spannungen, die größer als die Normalspannung sind, werden die Luftstrecken durchschlagen, die Überspannung kann sich über den sich bildenden Lichtbogen ausgleichen. Das Ansprechen des Rollenableiters geht dabei in folgender Weise vor sich. Bei gleichem Rollenabstand wird die der Leitung am nächsten liegende Rolle wegen der ungleichmäßigen Spannungsverteilung am meisten beansprucht, hier wird also bei einer Überspannung zuerst Funkenentladung auftreten. Die größte Spannung entfällt auf die zweite Funkenstrecke; je nach der Höhe der Überspannung wird auch diese ansprechen und

[1]) E. Arnold, „Die Wechselstromtechnik", Bd. I, 2. Aufl., Berlin 1912, S. 170.
[2]) R. Rüdenberg, „Die Spannungsverteilung an Kettenisolatoren", ETZ. 1914, Heft 15.

so kann es vorkommen, daß alle Rollen der Reihe nach ansprechen. Da in dem dadurch entstehenden Lichtbogen eine ziemlich große Masse an Metall mit ausgezeichnetem Wärmeleitvermögen eingeschaltet ist, wird dem Lichtbogen sehr viel Wärme und dadurch die Existenzbedingung entzogen, er verlischt sehr rasch. Tatsächlich kann man auch beobachten, daß beim Rollenapparat immer nur sehr kurze, klatschende Funken auftreten, beim Hörnerableiter dagegen viel länger dauernde kräftige Lichtbogen.

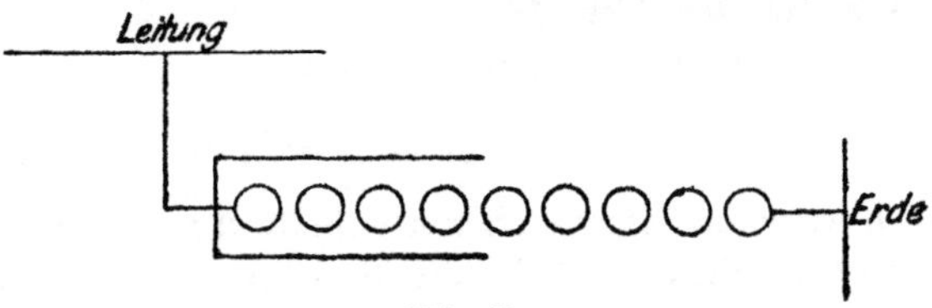

Abb. 42.

Um die Spannungsverteilung auf die Rollen nach Bedarf zu beeinflussen, werden verschiedene Mittel angewandt. Vielfach werden, um die Kapazität $c$ zu beeinflussen, Metallplatten, sog. Schilder, in der Nähe einiger Rollen angeordnet (Abb. 42), oder die Luftstrecken zwischen den Rollen werden verschieden groß eingestellt.

Die Spannungsverteilung läßt sich in all den genannten Fällen mit Hilfe der Kettendiagramme leicht berechnen.

Kennt man die Spannung zwischen zwei Rollen, so kann man die Beanspruchung der Luftschicht und damit die Überschlagspannung leicht berechnen, denn je zwei Rollen stellen die Anordnung dar „zwei parallele Zylinder in kleiner Entfernung voneinander".

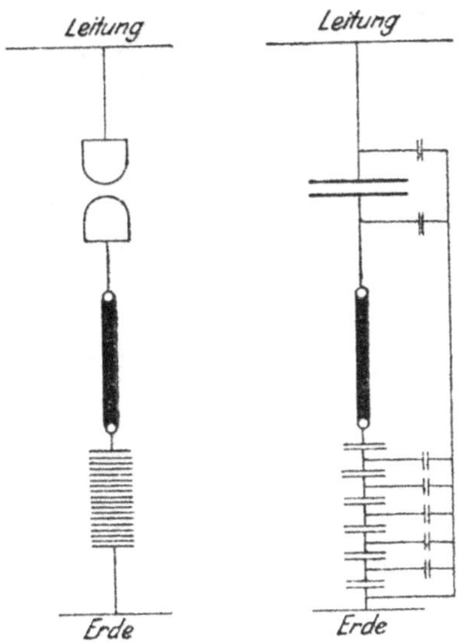

Abb. 43.

Das Gilesche Ventil gehört ebenfalls zur Gruppe der Kondensatorketten. Es hat wie der Rollenüberspannungsschutz die Aufgabe, auftretende Überspannungen auszugleichen. Das Ventil besteht aus mehreren parallel geschalteten Säulen; eine solche ist in Abb. 43 schematisch dargestellt. Eine Hauptfunkenstrecke ist mit einem Widerstand und einer größeren Anzahl kleiner Plattenfunkenstrecken in Reihe geschaltet. Es ergibt sich für die Anordnung das Ersatzschema Abb. 43. Auch hier kann leicht die Verteilung der Spannung auf die einzelnen Funkenstrecken gefunden werden, falls die Größe der Kapazitäten $C$ und $c$ bekannt ist.

### c) Mehrfachverkettung.

Das für die bisherigen Rechnungen aufgestellte Ersatzschema stellt nur eine Annäherung an die wirklich vorhandenen Verhältnisse dar. Man kommt der tatsächlichen Spannungsverteilung noch näher, wenn man außer der Kapazität $c$ gegen Erde noch eine weitere Teilkapazität $\zeta$ der einzelnen Glieder gegen die Leitung einführt. Man erhält das Ersatzschema der Abb. 44.

Wäre die Bedingung erfüllt

$$\zeta_1 = \zeta_2 = \zeta_3 = \ldots = \zeta = c ,$$

so wäre das Ersatzschema vollständig symmetrisch; man sollte denken, daß in diesem Falle die Spannung sich gleichmäßig auf die ganze Kette verteilt. Das ist jedoch nicht der Fall, wie die folgende Berechnung zeigt, die wir unter Beibehaltung dieser Bedingung durchführen. Wenn das Konstruktionsverfahren an diesem Beispiel erläutert ist, hält es nicht schwer, die Spannungsverteilung bei beliebig abgestuften Werten von $\zeta_1$, $\zeta_2$, $\zeta_3$ ... zu berechnen. Die Stromverteilung ist aus Abb. 44 zu ersehen. Durch Einführung der Teilkapazitäten $\zeta$ erfolgt die Ladung der Kondensatoren $c_5$, $C_5$, $c_4$, $C_3$ ... nicht allein über Kondensator $C_6$, sondern auch über die Kondensatoren $\zeta_6$, $\zeta_5$ .... Die Kondensatoren $\zeta$ vergrößern also lediglich die Ladeströme, auf die Stromverteilung zwischen $C$ und $c$ aber haben sie keinen Einfluß.

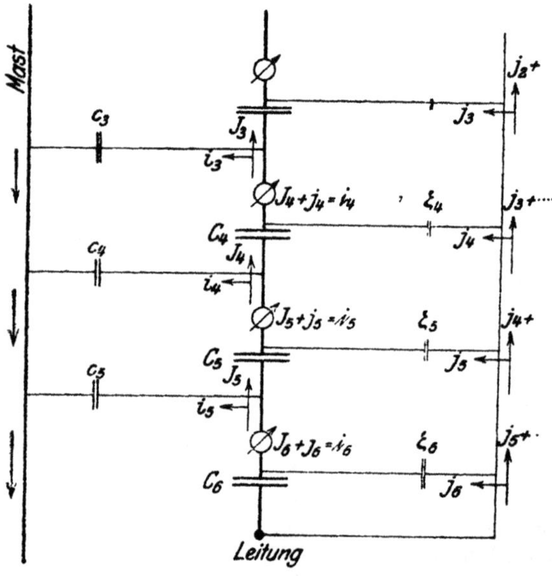

Abb. 44.

Bei der Konstruktion der Spannungsverteilung beginnen wir diesmal beim Kondensator $C_6$, wir bewegen uns also mit dem Strom.

In Abb. 44 ist der Stromverlauf für die Kondensatoren $C_5$, $c_5$, $\zeta_6$ ... mit den entsprechenden Strombezeichnungen eingezeichnet.

Wir nehmen für den Strom $J_6$ einen beliebigen Wert $O\,d_6$ an (Diagramm Abb. 45); da die Kapazität des Kondensators $C_6$ bekannt ist, können wir in der bekannten Weise die Spannung $P_6 = d_6\,f_6$ konstruieren.

An der Spannung $P_6$ liegt auch der Kondensator $\zeta_6$. Infolgedessen erhalten wir für den Strom $j_6$ die Strecke $d_6 d_6'$. Der Strom $\mathfrak{i}_6$ im Ersatzschema ist also gleich

$$\mathfrak{i}_6 = J_6 + j_6 = O\,d_6' .$$

Die Frage lautet nun: Wie verteilt sich der Strom $\mathfrak{i}_6$ auf die beiden Stromkreise 1) Kondensator mit der Kapazität $c_5$ und 2) Kondensatorgruppe $C_5$ bis $C_1$ und $c_4$ bis $c_1$ einschließlich? Hier leisten uns die Stromverteilungscharakteristiken gute Dienste. Wir tragen die Strecke $O\,d_6'$ auf der Abszissenachse in Abb. 37 auf und lesen die dazugehörige Ordinate $J_5$ auf der Geraden $V$ ab. Dieser Strom geht durch den Kondensator $C_5$, der die gleiche Kapazität haben möge wie der Kondensator $C_6$. Wir erhalten also die Spannung $P_5$, indem wir zu $O\,f_6$ die Parallele durch $g_5$ ziehen und es ist

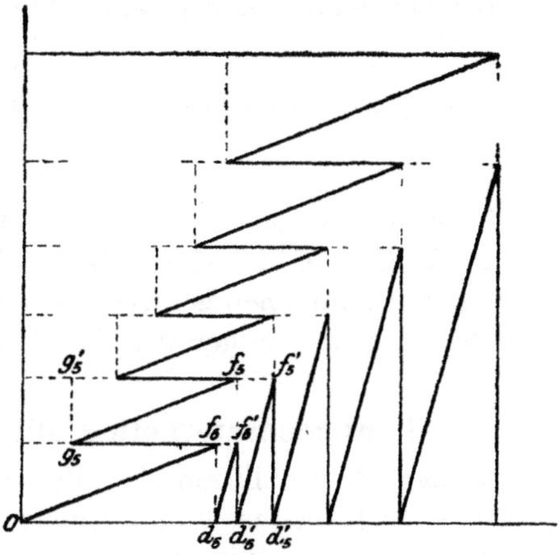

Abb. 45.

$$f_6' f_5 = P_5 .$$

Der Kondensator $\zeta_5$ liegt nach dem Ersatzschema an der Spannung $P_6 + P_5$, er wird also vom Ladestrom $d_6' d_5'$ durchflossen. Der Strom $\mathfrak{i}_5$ des Ersatzschemas ist also

$$\mathfrak{i}_5 = g_5' f_5' .$$

Aus Abb. 37 ermitteln wir mit Hilfe der Stromverteilungscharakteristik $IV$ den Teilstrom $J_4$ des Stromes $\mathfrak{i}_5$, der durch den Kondensator $C_4$ geht; wir tragen ihn im Diagramm ein und erhalten die Strecke $g_4 f_5'$ usf. Die Strecke $g_5' g_4$ stellt, wie nebenbei bemerkt sei, den Strom $i_4$ im Kondensator $c_4$ dar. Damit haben wir die Spannungsverteilung auf die einzelnen Kettenglieder $C_6$, $C_5$, $C_4$ ... gefunden.

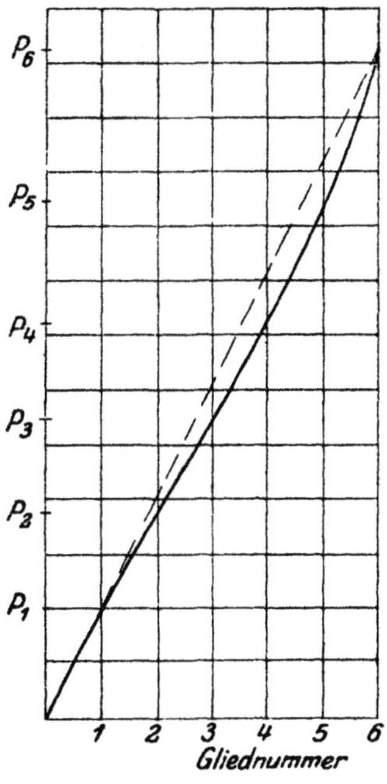

Abb. 46.

Trägt man die in dieser Weise ermittelten Werte von $P_1$, $P_2$ in % von $P$ auf (Abb. 46), so erhält man die Kurve für die Spannungsverteilung längs der Kette. Diese Kurve ist keine Gerade, die Spannung ist jetzt am ersten Kondensator am größten und am letzten Kondensator am kleinsten.

Bei der Konstruktion war angenommen, daß

$$\zeta_1 = \zeta_2 = \ldots = \zeta_6 = \zeta = c$$

ist. Diese Annahme trifft sicherlich nicht zu, und zwar ist

$$\zeta_1 < \zeta_2 < \zeta_3 \ldots < \zeta_6 \,.$$

Sind die Werte von $\zeta_1$, $\zeta_2$ ... bekannt, so kann man die Konstruktion auch für diese Fälle durchführen. Man wird finden, daß für den Fall $\zeta_6 \cong c_6$ und abnehmenden Werten von $\zeta_6$ bis $\zeta_1$ die Spannungsverteilung sich noch mehr der geraden Linie nähern kann.

## 3. Kondensatorketten mit Ohmschen Widerständen.

In der Praxis liegen die Verhältnisse bei den Kondensatorketten vielfach noch etwas komplizierter, indem zu den Elementarkondensatoren Ohmsche Widerstände parallelgeschaltet sind. Die Ohmschen Widerstände können dabei auftreten infolge der, wenn auch geringen, Leitfähigkeit der Isolierstoffe oder infolge der sog. Oberflächenleitfähigkeit oder endlich es sind absichtlich Widerstände parallel geschaltet. Auch diese Fälle können mit Hilfe der Kettendiagramme leicht gelöst werden.

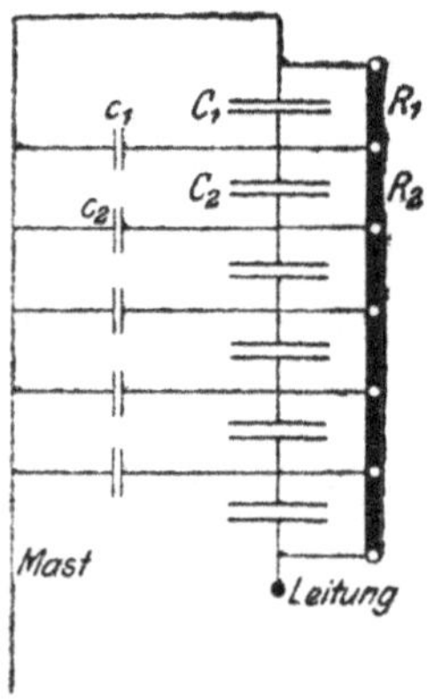

Abb. 47.

Es sollen im folgenden der Reihe nach behandelt werden:

a) Isolatorketten mit Ohmschen Widerständen.
b) Überspannungsschutzapparate mit Ohmschen Widerständen.
c) Durchführungen.

### a) Kettenisolatoren mit Ohmschen Widerständen.

Wir betrachten den Fall, daß parallel zu den Elementarkondensatoren Ohmsche Widerstände geschaltet sind. Das trifft bei Isolatoren zu, wenn die Oberfläche der Porzellanisolatoren durch eine Schmutzschicht leitend geworden ist. Das Ersatzschema ist in Abb. 47 dargestellt.

Die Konstruktion des Diagrammes ist sehr einfach. Wir beginnen mit der Konstruktion beim ersten Kondensator $C_1$; den Strom, der zur Erde abfließt, nehmen wir zu $O\,d_1$ an. Es ist nun die Frage, wie sich der Strom auf den Kondensator und den Ohmschen Widerstand verteilt. Offenbar muß sich eine solche Verteilung einstellen, daß

$$\frac{J_1}{C_1} = j_1 R_1$$

wo $j_1$ den Strom und $R_1$ den Widerstand der leitenden Schicht bedeutet, d. h. der Spannungsabfall im Widerstand muß gleich der Spannung des Kondensators sein. Mit Hilfe dieser Beziehung kann die sich einstellende Spannung leicht gefunden werden. Wir nehmen an, daß $R_1 = R_2 = \ldots = R$. Im Diagramm Abb. 48 ist eine Gerade mit der Neigung $\varrho$, wobei $\operatorname{tg} \varrho = R$ ist, dargestellt. Diese Gerade hat die Gleichung

$$P = j \cdot R .$$

Anstatt daß wir nun wie früher im Punkt $d_1$ die Senkrechte errichten, ziehen wir durch $d_1$ die Parallele zu dieser Geraden. Durch den Punkt $O$ wird die Parallele zu $a\,b$ gezogen. Der Schnittpunkt $f_1$ gibt die Spannung $P_1$ an.

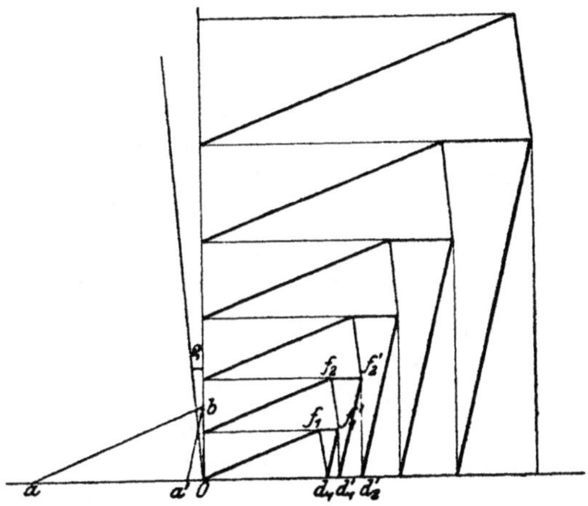

Abb. 48.

Die Teilkapazitäten sind gleich Null gesetzt. Es bereitet aber keine Schwierigkeiten, die Konstruktion auch unter Berücksichtigung dieser Kondensatoren durchzuführen.

Durch Überlegung können wir folgendes feststellen. Je kleiner der Ohmsche Widerstand, d. h. je größer der Leitungsstrom wird, um so gleichmäßiger muß die Spannungsverteilung werden, weil der Ohmsche Widerstand immer vollkommener als Spannungsteiler wirkt. Wird der Ohmsche Widerstand größer, also der Leitungsstrom kleiner, so geht die Wirkung des Widerstandes als Spannungsteiler immer mehr verloren, um bei $R = \infty$ ganz zu verschwinden, denn bei $R = \infty$ haben wir den in Abb. 28 dargestellten Fall vor uns. Durch den Ohmschen Widerstand kann also die Spannungsverteilung niemals verschlechtert werden.

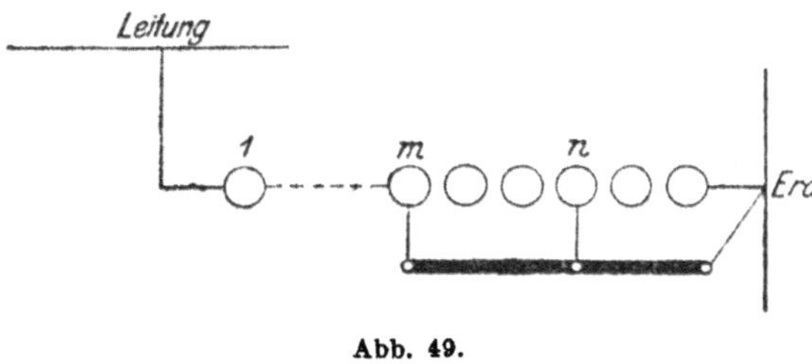

Abb. 49.

## b) Überspannungsschutzapparate.

In Abb. 49 ist die Schaltung eines Rollenüberspannungsschutzapparates dargestellt, wie man sie häufig findet: Parallel zu einer Reihe von Rollen sind Ohmsche Widerstände geschaltet. Nach dem bisher Gesagten bereitet es keine Schwierigkeiten, die Spannungsverteilung auch für diesen Fall zu ermitteln. Man wird im allgemeinen finden, daß bei den geringen Ladeströmen und kleinen Werten von Widerständen bereits die Rolle *m* das Potential der Erde annimmt. Schlagen die Rollen von 1 bis *m* über, so wird je nach der Größe des Entladungsstromes und der Widerstände auch auf die Rollengruppen von *m* bis *n* und von *n* bis Erde eine gewisse Spannung kommen. Ist diese groß genug, so werden auch diese Rollengruppen ansprechen. Die erste Rollengruppe nennt man Grobschutz, die anderen Feinschutz.

## c) Durchführungen.

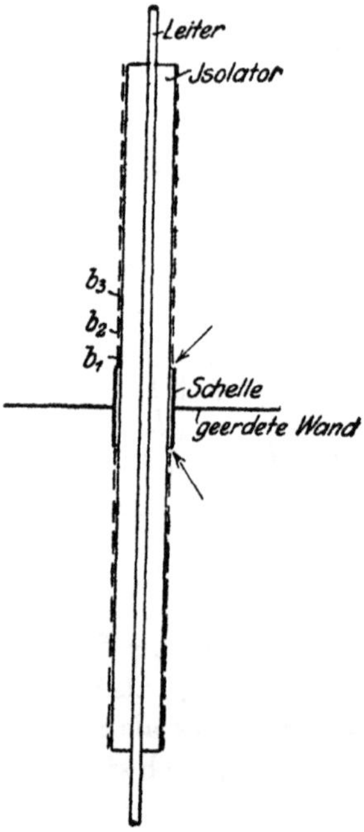

Abb. 50.

Ein anderes sehr interessantes Problem stellen die sog. Durchführungen dar. Sie dienen, wie bereits früher erwähnt und wie der Name schon sagt, zur Durchführung eines stromführenden Leiters durch eine geerdete Wand, also z. B. durch die Wand des Schalthauses oder zur Herausführung der Anschlußklemme eines Öltransformators durch den Transformatorengehäusedeckel. In Abb. 50 ist eine solche Durchführung schematisch dargestellt. Setzt man die Klemme unter Spannung und steigert man diese immer weiter, so tritt an der Stelle, wo die Durchführung aus dem Deckel heraustritt (an der Fassungsschelle), Glimmentladung auf. Die Stelle ist in der Abb. 50 durch kleine Pfeile gekennzeichnet. Die Glimmentladung pflanzt sich immer weiter in die Höhe fort und wird schließlich zur Büschel- und Gleitfunkenentladung, je höher man die Spannung steigert.

Wir haben hier eine neue Art der elektrischen Beanspruchung vor uns. Während bei unseren bisherigen Festigkeitsrechnungen die Isoliermaterialien auf Durchschlag beansprucht waren (Beanspruchung senkrecht zur Oberfläche), haben wir es hier mit Beanspruchungen längs der Oberfläche zu tun.

Das Zustandekommen der Oberflächenentladungen haben wir uns in folgender Weise vorzustellen. Die Oberfläche der Durchführungsklemme, die wir uns mit einer schlecht leitenden Schicht belegt denken, ist keine Niveaufläche; zwischen zwei in verschiedener Höhe vom Deckel sich befindlichen Oberflächenelementen herrscht ein Spannungsunterschied. Übersteigt dieser pro cm Höhendifferenz die Festigkeit der

Luft, so wird diese durchschlagen, es treten Oberflächenentladungen auf, die sich in Form von Glimm-, Büschel oder Gleitfunkenentladungen nach außen hin bemerkbar machen.

Für diese Erscheinungen gibt es mehrere Erklärungen.

Petersen[1]) nimmt an, daß die kleine Luftschicht, die naturgemäß da vorhanden ist, wo die Durchführung die Schelle verläßt, durch Überbeanspruchung zum Glimmen kommt; dadurch wird die Luft längs der Durchführung ionisiert und schußartig über die Oberfläche getrieben; den leitenden Luftstrahlen folgen die Gleitbüschel und Funken nach.

Eine andere sehr bemerkenswerte Erklärung hat R. Nagel[2]) gegeben. Nagel faßt die Durchführungsklemme als eine Gruppenschaltung von Kondensatoren, nach den hier eingeführten Bezeichnungen als Kondensatorkette auf. Die Klemme stellt also einen Kondensator dar, dessen Belege der Durchführungsdraht und die Fassungsschelle bildet. Als äußerer Beleg ist aber nach Annahme von R. Nagel auch die ganze übrige Mantelfläche der Klemme aufzufassen, nur daß dort der Belag durch die sehr schlecht leitende Klemmenoberfläche und die darauf gelagerte Luftschicht gebildet wird. Die Oberfläche der Klemme wirkt wie eine Reihe parallelgeschalteter Elementarkondensatoren $C_1, C_2 \ldots$, deren innerer Beleg (Durchführungsdraht) gut leitend, deren äußere Belege $b_1$, $b_2$ ... aber sehr schlecht leitend miteinander verbunden sind.

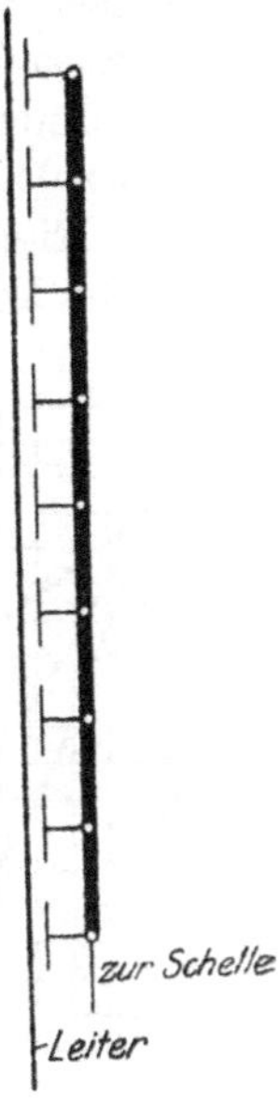


Abb. 51.

In Abb. 50 sind diese Elementarkondensatoren bzw. ihre Belege $b_1$, $b_2$ ... angedeutet. Wir erhalten für die Klemme die Ersatzschaltung Abb. 51.

Diese stellt also eine Kondensatorkette dar und wir können leicht die Spannungsverteilung längs der Oberfläche finden. Sämtliche Elementarkondensatoren erhalten von der Schelle aus (Erde) ihre Ladeströme.

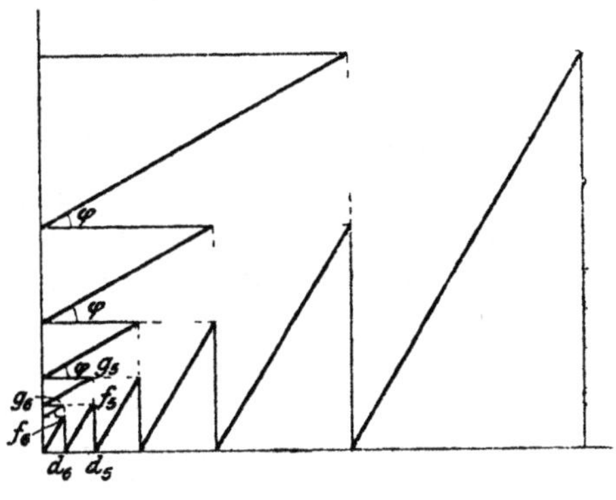


Abb. 52.

Beim Entwurf des Kettendiagrammes bewegen wir uns gegen die Schelle zu. Wie früher nehmen wir an, daß die Klemme mit einem konstanten Gleichstrom aufgeladen werde. Die Konstruktion ist in Abb. 52 dargestellt.

[1]) Petersen, „Hochspannungstechnik", Stuttgart 1911, S. 69.

[2]) R. Nagel, „Über eine Neuerung an Hochspannungstransformatoren der SSW.", EKB. u. B. 1906, H. 15.

Für den Kondensator $C_6$ nehmen wir einen beliebigen Ladestrom $J_6$ an und erhalten dann in der bekannten Weise die Spannung $P_6 = d_6 f_6$. Dieser Strom muß durch den Widerstand $R_5$ gehen. Der Spannungsverlust im Widerstand $R_5$ ist also $R_5 \cdot J_6$. Im Diagramm ist dieser Spannungsverlust durch $f_6 g_6$ dargestellt. Der Winkel $\varphi$ ist dabei so gewählt, daß $\operatorname{tg} \varphi = R_5$ ist; damit haben wir bereits die Spannung $P_5$ des Elementarkondensators $C_5$ erhalten. Der Ladestrom von $C_5$ kann leicht konstruiert werden. Wir legen durch $d_6$ die Parallele zu $O f_6$ und erhalten den Ladestrom $d_6 d_5$ des Kondensators $C_5$. Der Widerstand $R_4$ hat jetzt den Strom $O d_6 + d_6 d_5$ zu führen. Der Spannungsverlust in $R_4$ wird also dargestellt durch $f_5 g_5$, wobei angenommen ist, daß $R_4 = R_5$ ist. Damit haben wir die Spannung $P_4$ gefunden. In dieser Weise setzen wir die Konstruktion fort [1]).

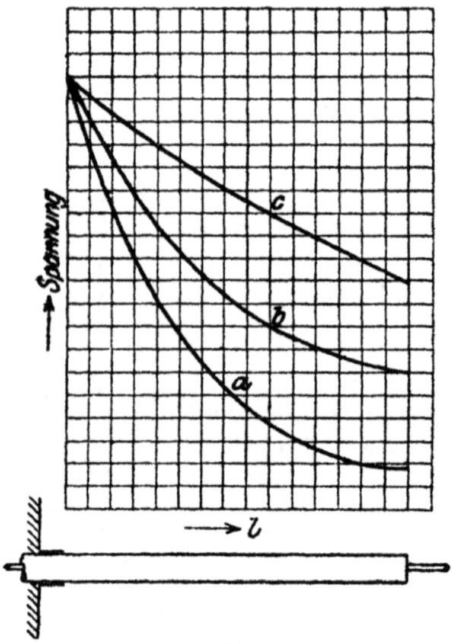


Abb. 53.

In Abb. 53 sind die Werte $P_6, P_5 \ldots$ über die Länge $l$ der Durchführung aufgetragen (Kurve a). Damit können wir die Spannungsverteilung bei gegebener Gesamtspannung $P$ ohne weiteres angeben. Wir sehen, daß die Beanspruchung an der Schelle tatsächlich am größten ist. Wir bilden nunmehr den Wert $\frac{dP}{dl}$; überschreitet dieser Wert die Bruchgrenze der Luft, so tritt Glimmentladung ein.

Um den Einfluß der Größe der Kapazität der Elementarkondensatoren kennenzulernen, wurde die Konstruktion wiederholt unter der Annahme, daß die Kapazität nur die Hälfte der vorher angenommenen beträgt. Die sich dabei ergebende Spannungsverteilung ist in Abb. 53 durch Kurve b dargestellt. Man sieht, daß die Spannungsverteilung wesentlich gleichmäßiger wird. Daraus können wir schließen, daß es für die Spannungsverteilung vorteilhaft ist, als Isolationsmaterialien möglichst solche mit kleiner Dielektrizitätskonstante zu wählen. Darauf hat besonders Kuhlmann hingewiesen; auf Grund dieser Erkenntnis ist der genannte Autor zu sehr interessanten Konstruktionen von Durchführungen gekommen, welche im nächsten Abschnitt besprochen werden sollen.

[1]) Über die Größe der Oberflächenleitfähigkeit der einzelnen Isoliermittel besitzen wir keine zuverlässigen Angaben. Nagel gibt den Widerstand einer lackierten Klemme zu $4 \cdot 10^6$ Ohm pro cm Klemmenoberfläche an (Durchmesser der Klemme 60 mm).

Nagel gelang es nun, durch eine einfache Anordnung den Übelstand der ungleichmäßigen Spannungsverteilung zu beseitigen; die Anordnung hat zugleich den Vorteil, daß dadurch auch die Beanspruchung des Dielektrikums, die nach unseren früheren Ableitungen an der Oberfläche des Innenleiters am größten ist, eine gleichmäßige wird. Aus den bereits bei den zylinderförmigen Kondensatorreihen angestellten Berechnungen ist uns bekannt, daß damit eine große Materialersparnis verbunden ist.

In Abb. 54 ist die von Nagel konstruierte Durchführungsklemme schematisch dargestellt. In die nach beiden Enden zu konisch verlaufende Isolierschicht sind dünne konzentrische Metallschichten $m$ eingebettet. Den so aufgebauten Körper kann man als eine Reihe hintereinandergeschalteter Kondensatoren auffassen. Die Spannung verteilt sich auf die einzelnen Kondensatoren umgekehrt proportional ihrer Kapazitäten. Es lassen sich nun durch entsprechende Wahl der Längen der leitenden Zwischenschichten die Kapazitäten aller Einzelkondensatoren gleich groß machen. Auf jeden kommt dann der gleiche Teil der Gesamtspannung. Es ist, wenn genügend viele solcher Metallschichten angeordnet werden, eine gleichmäßige Spannungsverteilung radial zum Querschnitt erreicht, alle Schichten werden gleichmäßig auf Durchschlag beansprucht.

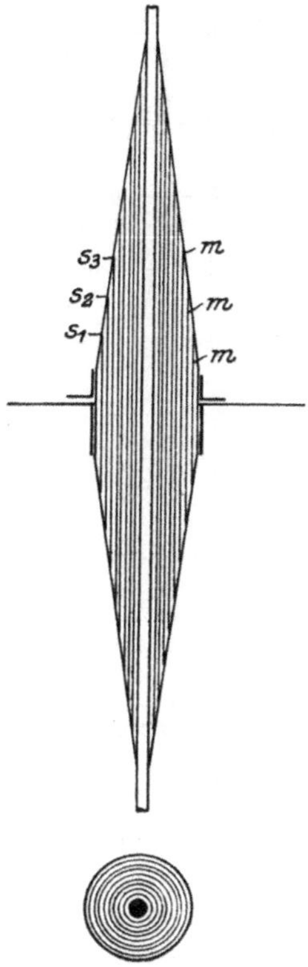

Abb. 54.

Die Metallschichten beeinflussen aber auch die Spannungsverteilung auf der Oberfläche der Klemme. Dadurch, daß die Kapazitäten aller Elementarkondensatoren gleich groß gewählt wurden, kommt auf jeden konzentrischen Elementarkondensator, wie bereits erwähnt, die gleiche Spannung. Durch die Ränder der Metallschichten wird die gleiche Spannungsverteilung auch der Oberfläche der Klemme aufgedrückt. Nun braucht man die Länge der Klemme nur so zu wählen, daß die Spannung an den Stellen $s_1$, $s_2$, $s_3$ ..., d. h. zwischen zwei Metallschichtenrändern unter der Durchschlagfestigkeit der Luft bleibt, dann können keine Entladungserscheinungen an der Oberfläche auftreten. Zweckmäßigerweise werden die Ränder der Metallschichten mit Ringen versehen, um die Randerscheinungen zu unterdrücken.

Für Klemmen, die für eine Prüfspannung von 400 000 Volt bestimmt sind, werden als Durchmesser 25,4 cm und als Länge etwa 3 m angegeben. Die Durchführung eines 500 000-Volt-Transformators, der einpolige Erdung ertragen soll, wird ein Durchmesser von 40 bis 50 cm und eine Länge von 4,5 m angegeben.

Das von Nagel angegebene Ersatzschema gibt die wirklichen Verhältnisse nicht genau wieder. Nach diesem Schema ist als Hauptursache der ungleichmäßigen Spannungsverteilung die Oberflächenleitfähigkeit anzusprechen.

Es ist nun beachtenswert, daß man sich die ungleichmäßige Spannungsverteilung auch in anderer Weise entstanden denken kann. Die einzelnen Oberflächenelemente besitzen nämlich nicht nur gegen den Innenleiter, sondern auch gegen den Deckel (Erde) Kapazität. Diese sind in dem von Nagel angegebenen Ersatzschema vernachlässigt. Berücksichtigt man diese, so erhält man das Ersatzschema Abb. 55. Hierin ist auch zum Ausdruck gebracht, daß die einzelnen Elementarkondensatoren, deren zweiten Beleg der geerdete Deckel bildet, nicht gleich groß sind.

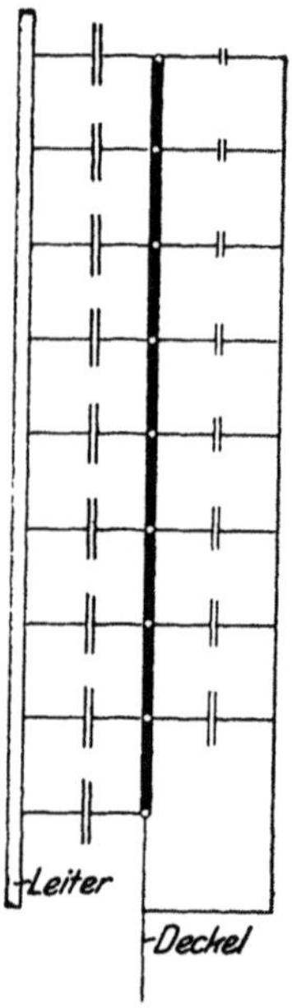

Abb. 55.

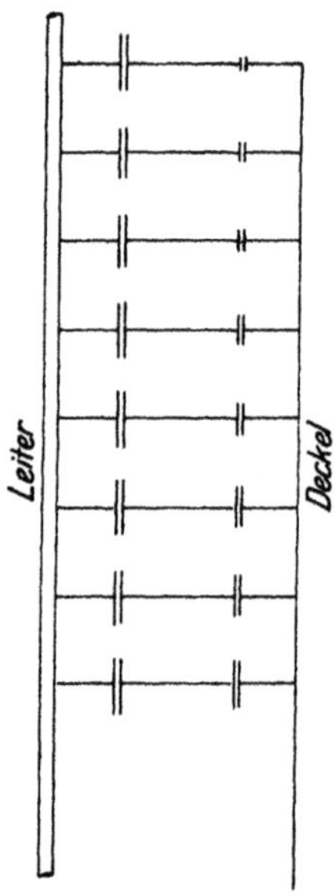

Abb. 56.

Die Spannungsverteilung kann ganz ähnlich gerechnet werden wie bei der Isolatorkette mit Teilkapazitäten gegen die Leitung. Auf die Durchführung dieses Kettendiagrammes kann also hier verzichtet werden. Man erhält beispielsweise die durch Kurve c in Abb. 53 dargestellte Spannungsverteilung.

Läßt man nun den Oberflächenwiderstand immer größer und schließlich unendlich groß werden, dann geht das Ersatzschema Abb. 55 in Abb. 56 über. Bildet man nach diesem Ersatzschema rückwärts die Durchführung, so hat man sich vorzustellen, daß auf der Oberfläche der Klemme schmale Metallringe liegen, die voneinander unendlich gut isoliert sind. Diese Ringe haben gegen den inneren Leiter und gegen die Erde Kapazität. Die erstere nehmen wir für alle so gebildeten Elementarkondensatoren als gleich groß an, die letzteren seien eine Funktion von der Entfernung $x$ gegen Erde (Deckel). Für diesen Fall geht die Kondensatorkette in eine Anzahl zweigliedriger Kondensatorreihen über. Die Konstruktion der Spannungsverteilung ist so einfach, daß auf deren Wiedergabe verzichtet werden kann.

Wir werden im nächsten Kapitel sehen, daß das letzte Ersatzschema zu den gleichen Resultaten führen muß wie die Ermittlung der Feldstärke durch Aufzeichnen des elektrischen Flusses. Wie das Diagramm zeigt, ergibt sich auch für den Fall eine ungleichmäßige Spannungsverteilung, wo die Oberflächenleitfähigkeit überhaupt nicht berücksichtigt worden ist.

## C. Beliebig gestaltete Anordnungen.

Wir haben bis jetzt gelernt, die Feldstärke bei einigen einfachen Anordnungen zu berechnen. Da die in der Hochspannungstechnik vorkommenden Konstruktionen sehr oft geometrisch unregelmäßige Formen aufweisen, es sei hier nur an die Hochspannungsisolatoren erinnert, wäre eine umfassende Lösung des Problems der Berechnung der Feldstärke bei beliebig gestalteten Anordnungen von größter Wichtigkeit. Leider ist aber dieses Problem in dieser Allgemeinheit nicht lösbar. Wir müssen nun nach einer Methode suchen, die uns für alle Fälle in den Stand setzt, wenigstens ein ungefähres Bild der auftretenden Feldstärke und der Beanspruchung zu gewinnen.

Wie wir im ersten Teil gesehen haben, kann man das elektrische Feld bildlich mit Hilfe von Kraftlinien darstellen. Es soll nun gezeigt werden, wie man solche Kraftlinienbilder entwirft und wie man daraus die elektrische Beanspruchung berechnen kann. Zu diesem Zweck müssen wir noch einige Gesetze ableiten[1]).

**Induktionslinien, Induktionsfluß.** Wir haben früher die Zahl der zu zeichnenden Kraftlinien, welche an einer Stelle des Feldes die zur Feldrichtung senkrechte Flächeneinheit durchsetzt, gleich dem Absolutwert der Feldstärke gemacht; die Gesamtzahl der Kraftlinien, welche eine Fläche $F$ senkrecht durchsetzt, nannten wir Kraftfluß durch die Fläche. Es ist nach früherem der Kraftfluß $\mathfrak{N}$

$$\mathfrak{N} = \int \mathfrak{E} \cdot df = \mathfrak{E} \cdot F .$$

Kraftlinienzahl und Elektrizitätsmenge $Q$ sind nach dem Gaußschen Satz durch die Beziehung verbunden

$$\mathfrak{N} = 4 \pi Q .$$

Bekanntlich gilt diese Beziehung aber nur, wenn die Kraftlinien in Luft (Vakuum) verlaufen, sie gilt aber nicht mehr, wenn der Feldträger von einem anderen Medium umgeben ist; für diesen Fall haben wir die Beziehung kennengelernt

$$\mathfrak{N} = \int \mathfrak{E}\, df = \frac{4 \pi Q}{\varepsilon} .$$

[1]) Nach Starke, Experimentelle Elektrizitätslehre.

Wenn wir die letzte Gleichung für $\mathfrak{N}$ mit der für $\varepsilon = 1$ vergleichen, sehen wir, daß jetzt die Zahl der Kraftlinien nicht mehr durch eine bestimmte Ladung $Q$ allein bedingt ist, sie ist vielmehr noch von der Dielektrizitätskonstante $\varepsilon$ abhängig, d. h. die Kraftlinienzahl ändert sich beim Übergang von einem Medium zu einem anderen, wenn beide verschiedene Dielektrizitätskonstanten besitzen. Dies ist für das Zeichnen von Kraftlinien sehr unbequem. Man hat nun, um die allgemeine Beziehung aufrechtzuerhalten

$$\text{Linienzahl} = 4\pi Q$$

eine andere Art von Linien zur bildlichen Darstellung des elektrischen Feldes gewählt: man setzt die Anzahl der 1 cm² durchsetzenden Linien nicht mehr numerisch gleich der Feldstärke, sondern gleich dem Produkte: Feldstärke × Dielektrizitätskonstante. Es ist dann die Zahl $N$ von Linien, welche in einem elektrischen Felde und einem Dielektrikum mit der Konstanten $\varepsilon$ ein senkrecht zu ihnen stehendes Flächenstück $F$ durchsetzen, gegeben durch

$$N = \varepsilon \cdot \mathfrak{E} \cdot F = \varepsilon \mathfrak{N} .$$

Nach diesen Festsetzungen ist also in jedem Dielektrikum

$$N = 4\pi Q .$$

Man nennt $N$ Induktionsfluß durch die Fläche $F$ und die Linien Induktionslinien. Den Vorteil dieser Festsetzung kann man am besten im folgenden Beispiel erkennen. In Abb. 57 ist ein Plattenkondensator dargestellt, der zum Teil mit Luft, zum Teil mit einem Stoff höherer Dielektrizitätskonstante angefüllt ist.

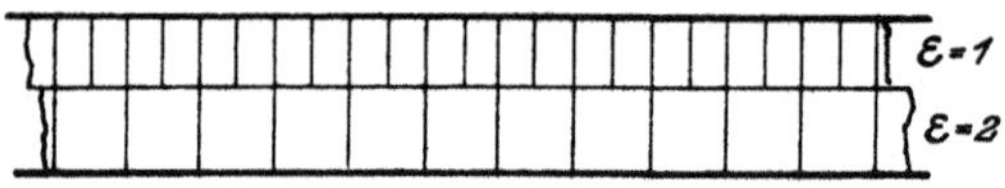

Abb. 57a.

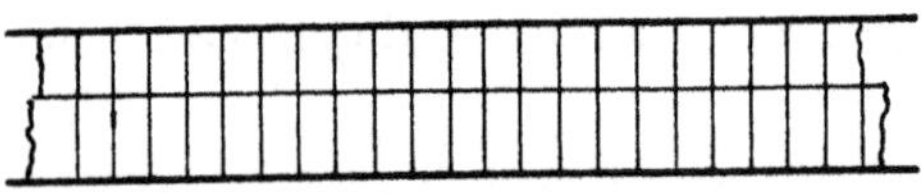
Abb. 57b.

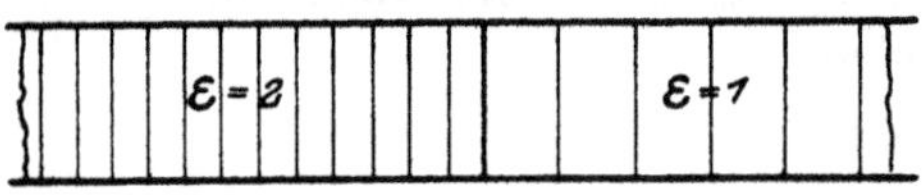

Abb. 57c.

In Abb. 57a sind die Kraftlinien eingezeichnet; man sieht, daß der Raum mit $\varepsilon = 2$ nur von der Hälfte der Kraftlinien durchsetzt wird wie die Luft, da die Feldstärke dort nur halb so groß ist. In Abb. 57b sind die Induktionslinien gezeichnet. Da nach unseren Festsetzungen für $\varepsilon = 2$ nunmehr $\varepsilon \mathfrak{N}$ Linien zu zeichnen sind, ergibt sich für die beiden Dielektriken die gleiche Zahl von Linien.

Sind die Dielektriken so angeordnet, wie Abb. 57c zeigt, so hat man im Medium mit der Konstanten $\varepsilon = 2$ die Induktionslinien doppelt so dicht zu zeichnen wie in der Luft.

**Brechung der Induktionslinien.** In Abb. 57 sind die beiden Isolierstoffe so angeordnet, daß die Linien die beiden Dielektriken das eine Mal nacheinander (Abb. 57 a und b) durchsetzen, das andere Mal so, daß die Grenzschichten parallel zu den Linien verlaufen (Abb. 57 c). Wir wissen, daß die Feldstärke im erstgenannten Fall beim Übergang in das Medium mit der höheren Dielektrizitätskonstante einen Sprung erleidet, daß dagegen kein Sprung eintritt, wenn die Grenzschicht parallel zu den Kraftlinien verläuft.

Es soll nun der allgemeine Fall betrachtet werden, daß die Oberfläche unter einem schiefen Winkel von den Induktionslinien getroffen wird. In Abb. 58 ist $AA'$ die Richtung einer in einem Medium 1 mit der Konstante $\varepsilon_1$ verlaufenden Induktionslinie; durch die Länge der Strecke möge die Feldstärke dargestellt sein. Wir zerlegen nun $AA'$ nach dem Parallelogramm der Kräfte in zwei Komponenten, deren eine $A'E$ parallel zur Grenzfläche und die andere $A'D$ senkrecht hierzu verläuft. Die Tangentialkomponente wird beim Durchgang durch die Grenzschicht konstant bleiben (vgl. Abb. 58), wir können also $A'D'$ gleich $A'E$ machen. Die Vertikalkomponente $A'D$ erleidet dagegen einen Sprung, und zwar ist

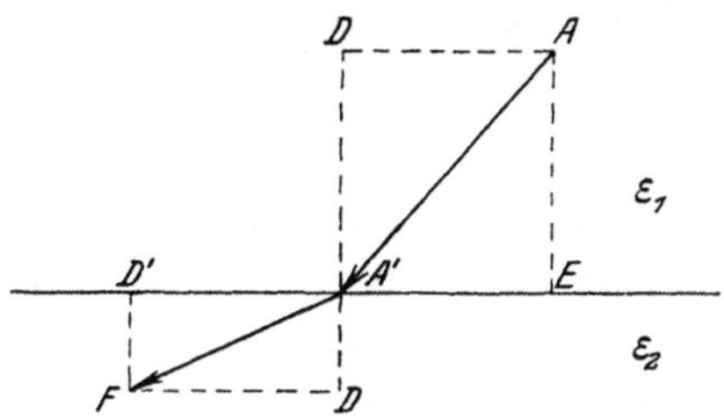

Abb. 58.

$$\frac{A'E'}{A'D} = \frac{\varepsilon_1}{\varepsilon_2}.$$

Die beiden Komponenten $A'E'$ und $D'A'$ setzen sich im Medium 2 zu einem Gesamtwert der Feldstärke $A'F$ zusammen; $A'F$ hat andere Größe und Richtung wie $A'A$, es findet also eine Brechung der Induktionslinie statt. Man kann das Brechungsgesetz leicht aus der Abbildung ablesen:

$$\frac{\operatorname{tg}\alpha_1}{\operatorname{tg}\alpha_2} = \frac{\varepsilon_1}{\varepsilon_2};$$

in Worten: Das Verhältnis der trigonometrischen Tangente des Einfallwinkels zu der das Brechungswinkels ist eine Konstante und gleich dem Quotienten der Dielektrizitätskonstanten der beiden Medien.

Daraus können wir folgenden Schluß ziehen:

Ist die Dielektrizitätskonstante des einen Materials sehr groß gegenüber der des zweiten, dann gehen die Induktionslinien nahezu senkrecht aus dem Material mit der großen Dielektrizitätskonstante heraus.[1]

[1]) Soweit es sich um elektrostatische Erscheinungen handelt, verhalten sich die Leiter der Elektrizität wie ein Dielektrikum mit unendlich hoher Dielektrizitätskonstante; die Induktionslinien stehen also senkrecht auf Metallflächen.

**Dielektrischer Widerstand.** Wir greifen aus einem homogenen Feld einen Zylinder heraus mit dem Querschnitt $F$ und der Länge $l$; der Mantel des Zylinders wird von Induktionslinien gebildet, die oberen und unteren Flächen $F$ seien Stücke von Niveauflächen. Für den Induktionsfluß durch den Zylinder können wir eine dem Ohmschen Gesetz ganz analoge Beziehung aufstellen:

$$\text{Induktionsfluß} = \frac{\text{Potentialdifferenz } P \text{ der End-Niveauflächen } F}{\text{Dielektrischer Widerstand } W}$$

oder in Buchstaben

$$N = \frac{P}{W} .$$

dabei verstehen wir unter dem dielektrischen Widerstand $W$

$$W = \frac{l}{\varepsilon F} .$$

Wir sehen, daß die Formel für $W$ genau der Formel für den elektrischen Widerstand eines Drahtes von der Länge $l$, dem Querschnitt $F$ und dem elektrischen Leitvermögen $\lambda$ des Drahtmaterials gleicht.

Unter Verwendung der oben abgeleiteten Beziehungen für den Induktionsfluß erhalten wir

$$N = \frac{\mathfrak{E} \cdot l}{W} = \varepsilon \cdot \mathfrak{E} \cdot F$$

eine Beziehung, die uns bereits bekannt und ein Beweis für die Richtigkeit des Gesetzes für den dielektrischen Widerstand ist.

Dieser Satz gilt für jeden aus einem elektrischen Feld herausgegriffenen Raumteil, der seitlich von Induktionslinien begrenzt ist. Man nennt einen solchen Zylinder Induktionszylinder.

Offenbar brauchen die Feldlinien nicht, wie wir es eben angenommen haben, zylindrisch zu verlaufen, die Induktionsröhre kann ihren Querschnitt von Stelle zu Stelle ändern; man braucht dann die Röhre nur in einzelne Teile zu zerlegen, die so klein sind, daß man sie als kurze Zylinder ansehen kann und den Widerstand aller einzelnen Teile nach obiger Formel zu berechnen. Der Gesamtwiderstand setzt sich dann zusammen aus den Einzelwiderständen.

Beim Entwurf von Induktionslinienbildern geht man zweckmäßigerweise nun so vor:

Man zeichnet zunächst nach dem Gefühl eine Schar von Niveauflächen bzw. deren Spur in der Zeichenebene, und zwar nach Möglichkeit so, daß die Potentialdifferenzen zwischen je zwei Niveaulinien gleich groß sind. Meist hat man Anhaltspunkte zum Zeichnen der Niveaulinien: Entweder sind die Elektroden, die ja selbst Niveauflächen sind, so gestaltet, daß man wenigstens eine Niveaulinie mit großer

Sicherheit zeichnen kann, oder die Anordnung kann an irgendeiner Stelle als „einfache Anordnung" aufgefaßt werden, so daß wenigstens an dieser Stelle die Spuren der Niveauflächen gezeichnet werden können.

Sind die Spuren der Niveauflächen bekannt, so kann man mit dem Zeichnen der Induktionslinien beginnen. Die Induktionslinien müssen natürlich senkrecht auf den Niveaulinien stehen, und wenn man kontinuierlich verlaufende Linien erhalten will, müssen die dielektrischen Widerstände der einzelnen Röhrenelemente zwischen je zwei Niveaulinien denselben Wert besitzen.

Verlaufen die Induktionslinien in Luft, so liegt es nahe, die Induktionsröhren als Einheitsröhren[1]) zu zeichnen, d. h. den Querschnitt der Röhren gleich ihrer Länge zu machen. Man erhält also für den Querschnitt solcher Röhren ein Quadrat. Dabei ist vorausgesetzt, daß die Niveaulinien als Gerade verlaufen. Ist dies nicht der Fall, sind die Spuren der Niveauflächen Kurven, wie Abb. 59 zeigt (*NN* bedeuten die Niveaulinien, *JJ* die Induktionslinien), so muß man die Röhren so weit unterteilen, bis die Elementarröhren annähernd quadratischen Querschnitt haben. Wenn man Übung im Zeichnen von solchen Bildern erlangt hat, wird man die Lage der Querschnittslinie *c d* aber leicht abschätzen und sie gleich *a b* machen können.

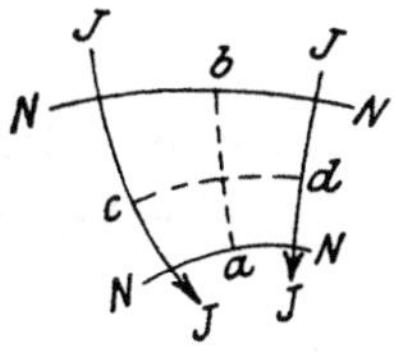

Abb. 59.

Zeichnerisch macht sich der Entwurf von Einheitsröhren sehr einfach. Wie wir sehen werden, sind stets drei Seiten einer Röhre gegeben, und zwar eine Seite der Größe und Lage nach, zwei Seiten nur der Lage nach, und es handelt sich immer darum, die vierte aufzufinden. Man nimmt nun die Entfernung der Niveaulinien in den Zirkel (Zirkelöffnung *a b*) und sucht damit die Röhrenseite mit dem Punkt *d*.

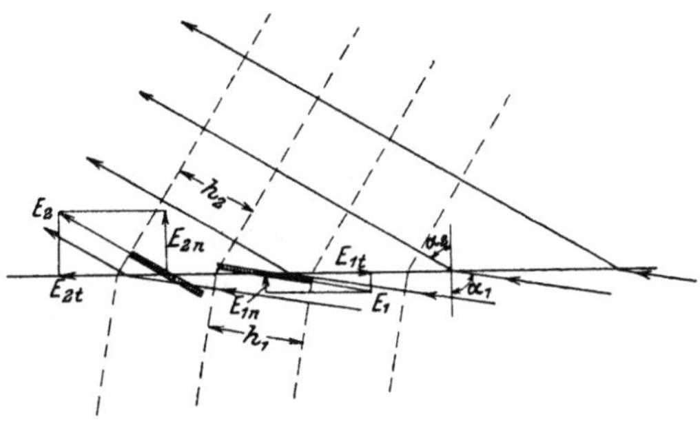
Abb. 60.

Über das Brechungsgesetz der Induktionslinien sind wir bereits unterrichtet.

Ist nun das Flußbild entworfen, so ist noch die Hauptaufgabe zu lösen, nämlich daraus die Feldstärken zu bestimmen.

In Abb. 60 ist ein Ausschnitt eines Flußbildes, das in Medien mit zwei verschiedenen Dielektrizitätskonstanten verläuft, dargestellt. Es ist die Beanspruchung, d. h. die Feldstärke zu finden.

[1]) Das Verfahren der „quadratischen Zellen" wurde von Th. Lehmann angegeben.

Die gestrichelten Linien sind die Spuren der Niveauflächen; ihr Abstand sei $h_1$ bzw. $h_2$, die Potentialdifferenz zwischen je 2 Linien $\Delta P$. An der Trennungsfläche ergeben sich für die schraffiert gezeichneten Stellen folgende Beziehungen, die man leicht aus der Abbildung ablesen kann: die Feldstärke $\mathfrak{E}_1$ ist

$$\mathfrak{E}_1 = \frac{\Delta P}{h_1}.$$

Wir zerlegen $\mathfrak{E}_1$ in eine Komponente senkrecht zur Oberfläche $\mathfrak{E}_{1n}$ und eine Komponente parallel zur Oberfläche $\mathfrak{E}_{1t}$.

In ähnlicher Weise berechnen wir $\mathfrak{E}_2$ zu

$$\mathfrak{E}_2 = \frac{\Delta P}{h_2}.$$

Auch diese Feldstärke zerlegen wir in die entsprechenden Komponenten $\mathfrak{E}_{2n}$ und $\mathfrak{E}_{2t}$; es müssen dann die Beziehungen bestehen

$$\mathfrak{E}_{1t} = \mathfrak{E}_{2t}$$

und

$$\mathfrak{E}_{1n} : \mathfrak{E}_{2n} = \varepsilon_2 : \varepsilon_1$$

Die Vertikalkomponente gibt uns die Beanspruchung des Materials auf Durchschlag und die Tangentialkomponente die Beanspruchung auf Oberflächenentladungen (Gleitfunken usw.) an.

Damit haben wir alle wesentlichen Unterlagen für den Entwurf und die Auswertung der Induktionsflußbilder gewonnen.

Haben wir ein Flußbild entworfen, so können wir durch Integration der Zellen den gesamten dielektrischen Widerstand ermitteln. Nun ist aber der dielektrische Widerstand nichts anderes, als der reziproke Wert der Kapazität (mal dem konstanten Faktor $\frac{1}{4\pi}$). Durch das Aufzeichnen des Induktionsflusses können wir also auch näherungsweise die **Kapazität** einer Anordnung ermitteln.

Alle praktisch vorkommenden Anordnungen, deren elektrische Beanspruchungen mit Hilfe der Flußbilder berechnet werden sollen, können wir in zwei große Gruppen teilen:

1. solche Anordnungen, bei welchen alle Schnittebenen parallel zur Zeichnungsebene kongruente Bilder liefern („ebene Felder", „parallelebene Felder");
2. solche Anordnungen, bei welchen parallele Schnitte zur Zeichenebene keine kongruenten Bilder liefern.

In die letzte Gruppe fallen die in der Technik häufig vorkommenden räumlichen Felder, welche eine Symmetrieachse haben; in diesem Fall sind alle Niveauflächen Rotationsflächen um die Symmetrieachse. Die Meridianlinien der Rotationsflächen bilden in jeder Meridianebene eine Schar von Niveaulinien; wir nennen solche Felder „meridianebene Felder“.

Im folgenden sollen diese beiden Gruppen von Feldern näher betrachtet werden. Im Anschluß daran soll 3. gezeigt werden, wie man mit Hilfe eines einfachen Rechenverfahrens die Richtigkeit der Linienbilder kontrollieren kann.

## 1. Parallelebene Felder.

Es soll die Beanspruchung folgender Anordnung gefunden werden. Gegenüber einer ebenen Platte 1 sei eine Platte 2, deren Rand nach einem Kreisbogen gekrümmt ist, angeordnet (Abb. 61 a und b).

Bekannt ist, daß die Oberflächen der beiden Platten Niveauflächen darstellen. Wir zeichnen nun eine dritte Niveaufläche $NN$ probeweise so, daß die Potentialdifferenz der beiden Platten durch sie hälftig geteilt wird. Offenbar muß eine solche Niveaufläche zwischen den Platten, wo das Feld sicher homogen ist, parallel zu den Ebenen verlaufen und die Spur der Niveaufläche muß die Mittellinie zwischen den beiden Platten sein. Gegen den Rand zu muß die Niveaufläche sicher nach aufwärts gebogen sein. Es wird sich nun sofort zeigen, ob die so gewählte Niveaufläche richtig ist.

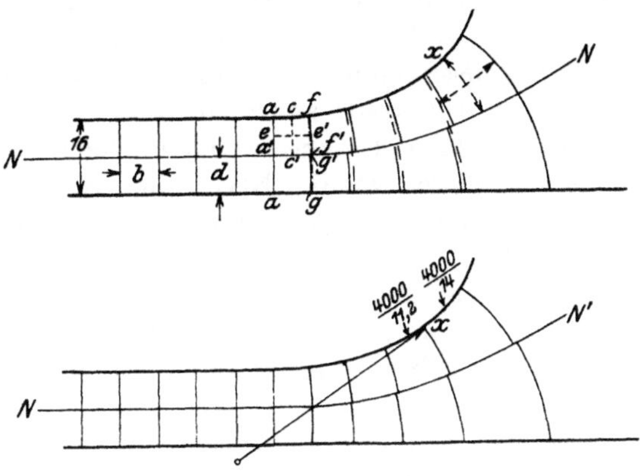

Abb. 61 a u. b.

Wir nehmen den Abstand der Niveaufläche $d$ in den Zirkel und ziehen zwei Parallele senkrecht zu den Niveaulinien im Abstand $b = d$ voneinander. Damit haben wir eine Einheitsröhre gewonnen. In ähnlicher Weise konstruieren wir eine ganze Schar von Röhren in dem Raum, der von den parallelen Ebenen begrenzt ist. Wir erhalten dann lauter Einheitsröhren, welche untereinander kongruent sind.

Diese Röhren sind sicher richtig, denn die Induktionslinien stehen senkrecht auf den Metallflächen und der Niveaufläche $NN$ und haben den Widerstand 1.

Zur Erklärung des weiteren Konstruktionsverfahrens nehmen wir an, wir hätten die Induktionslinien bis $a\,a$ richtig konstruiert. Für die nächste benachbarte Röhre haben wir drei Seiten: 1. die Seite $a'\,a$ der Lage und Größe nach; 2. die auf den Niveauflächen (obere Platte und Fläche $NN$)

liegenden Seiten; diese aber nur der Lage nach. Wir nehmen nun probeweise die Strecke $c\,c'$ in den Zirkel und machen $e\,e'$ gleich $c\,c'$. Durch $e'$ ziehen wir eine Induktionslinie, und zwar so, daß die Tangenten an ihre Fußpunkte senkrecht auf den genannten Niveauflächen stehen. Wir können nunmehr schon erkennen, ob diese Röhre ungefähr richtig ist, denn die durch die Kurven $e\,e'$ und $c\,c'$ gebildeten kleinen Vierseite sollen quadratische Zellen sein.

Nunmehr müssen wir die darunterliegende Röhre zeichnen. Wir verfahren dabei ebenso wie vorher und finden die vierte Seite der Röhre zu $g\,g'$. Nun sollen natürlich $g\,g'$ und $f\,f'$ miteinander eine kontinuierliche Kurve bilden. Das ist nicht der Fall, also ist die Lage der Niveaufläche $NN$ nicht richtig angenommen; wie man leicht erkennt, sollte sie etwas höher liegen. Wir korrigieren aber ihre Lage jetzt noch nicht, sondern zeichnen eine mittlere Induktionslinie, die zwischen den beiden Kurven $f\,f'$ und $g\,g'$ liegt (strichpunktierte Kurve).

Nun konstruieren wir in der gleichen Weise die nächste Röhre usf., wie in der Abbildung angedeutet ist. Damit erhalten wir eine größere Anzahl mittlerer Induktionslinien. Nach diesen mittleren Induktionslinien korrigieren wir die Niveaulinie $NN$ und erhalten eine neue Linie $NN'$, deren Lage offenbar schon richtiger sein muß, wie die der Linie $NN$ (Abb. 61 b).

Mit dieser neuen Niveaulinie beginnen wir die Konstruktion wieder von vorn und werden als zweites Bild den Verlauf der Induktionslinien schon wesentlich genauer erhalten. Dieses Verfahren setzt man so lange fort, bis man ein möglichst genaues Bild erhält.

Auf den ersten Blick scheint dieses Verfahren sehr langwierig zu sein. Wenn man jedoch einige Übung erlangt hat, geht die Konstruktion ziemlich rasch vor sich. Meist ist es auch nicht notwendig, ein möglichst genaues Bild zu erhalten; in vielen Fällen genügt es schon, den Induktionsfluß nur ungefähr zu kennen.

Hat man das Induktionslinienbild entworfen, so kann man die Beanspruchung an jeder Stelle leicht angeben. An der Stelle $X$ ist z. B.

$$\mathfrak{E}_x = \frac{\Delta P}{h}$$

wobei im vorliegenden Falle $\Delta P = \frac{1}{4} P$ ($P$ ist die Potentialdifferenz der beiden Platten) und $h$ der Abstand der Niveauflächen ist.

Treten die Induktionslinien von einem Medium mit der Konstante $\varepsilon_1$ in ein solches mit der Konstante $\varepsilon_2$ über, so zeichnet man zunächst die Linien so, als wenn $\varepsilon$ konstant wäre. An der Eintrittstelle in das andere Medium konstruiert man die Brechungswinkel nach dem Brechungsgesetz. Allerdings kann man dann keine Einheitsröhren mehr (quadratische Röhren) konstruieren, wenn $\varepsilon$ größer als 1 ist.

Im nächstfolgenden Abschnitt werden wir den Fall mehrerer nebeneinander angeordneter Medien mit verschiedenen $\varepsilon$ näher kennenlernen.

Zeichnet man den Verlauf der Niveaulinien für eine Metallplatte, die eine Erhöhung besitzt, so sieht man, wie sich an der Spitze die Niveauflächen drängen und kann daraus auf große Feldstärke an der Spitze schließen. Wir haben früher schon erkannt, daß Risse und Spalten in den Isoliermaterialien sehr gefährlich sind; hier sehen wir, daß auch Unebenheiten der Elektroden sehr nachteilig sind. Es wird deshalb mit Recht die Forderung erhoben, daß in der Hochspannungstechnik nur vollkommen glatte, poren-, spalten- und rissefreie Materialien für Elektroden und Isolation verwendet werden dürfen.

## 2. Meridianebene Felder.

Die Art und Weise des Entwurfs der Induktionslinienbilder meridianebener Felder unterscheidet sich im Prinzip nicht von der für ebene Anordnungen. Nur die Berechnung des dielektrischen Widerstandes der Röhren wird hier etwas umständlicher.

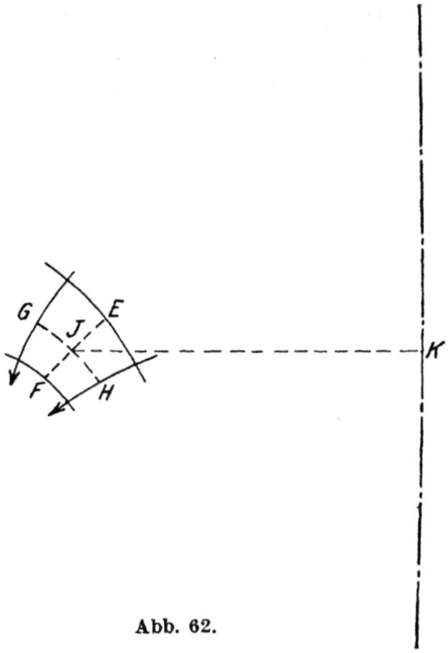

Abb. 62.

Bei den parallelebenen Feldern war der dielektrische Widerstand der Röhre Abb. 59

$$W = \frac{a\,b}{c\,d \times \text{Röhrentiefe } (= 1 \text{ gesetzt})}\,.$$

Für meridianebene Felder ist der Widerstand (Abb. 62)

$$W = \frac{E\,F}{G\,H \cdot 2\pi \cdot J\,K}\,.$$

Wir können also hier nicht mehr mit Einheitsröhren arbeiten und dadurch wird der Entwurf etwas umständlicher.

Mit dem Entwurf von Induktionslinienbildern meridianebener Felder hat sich besonders K. Kuhlmann beschäftigt. Es seien im folgenden einige der von ihm entworfenen Bilder wiedergegeben.

Kuhlmann studiert an Hand von Induktionslinienbildern die günstigste Form von Durchführungen, behandelt also ein Problem, das wir im vorigen Abschnitt bei den Kondensatorketten studiert haben.

In Abb. 63 (linke Seite) ist das Flußbild einer Luftdurchführung dargestellt. Die Niveauflächen bzw. deren Spuren sind so gezeichnet, daß alle Röhrenelemente gleichen dielektrischen Widerstand haben.

Beim Entwurf dieses Bildes ist Kuhlmann so vorgegangen, daß er den Abstand der Niveauflächen an der Durchführungsstelle berechnete; die Durchführungsstelle kann als die Anordnung „zwei konzentrische Zylinder“ aufgefaßt werden.

Zwei Niveauflächen sind von vornherein bekannt: der Durchführungsdraht und die Wand. Je näher die übrigen Niveauflächen der einen oder anderen dieser beiden Niveauflächen kommen, desto mehr müssen sie sich ihrer Form nähern.

In Abb. 63 (rechte Hälfte) ist als Durchführungsisolation nicht Luft, sondern Porzellan gewählt ($\varepsilon = 4{,}5$). Man kann an diesem Bilde sehr schön die Brechung der Induktionslinien und Niveauflächen studieren.

Die Kurve in Abb. 64 stellt die Feldstärke längs der Porzellanoberfläche dar. Wir sehen, daß sich hier ein ähnlicher Verlauf ergibt, wie bei der Auffassung der Durchführung als Kondensatorkette. Bei den Induktionslinienbildern ist natürlich die Oberflächenleitfähigkeit vollständig vernachlässigt.

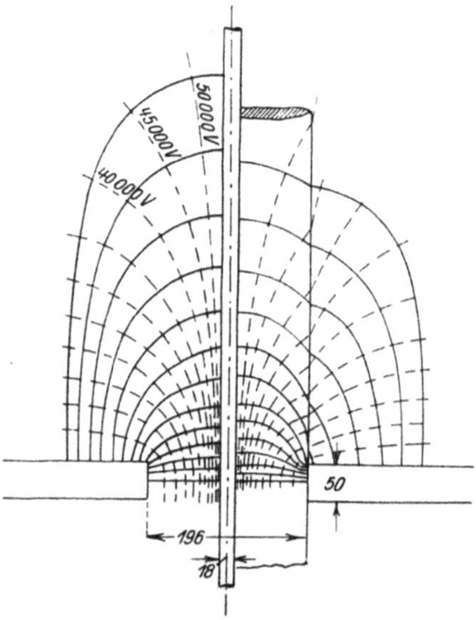

Abb. 63.

Abb. 64.

Man sieht, daß die Feldstärken an der Durchführung selbst wesentlich höher werden bei Verwendung von Porzellan; wir kommen also auch hier zum Schlusse, daß die Verwendung von Materialien mit hoher Dielektrizitätskonstante bei Durchführungen schädlich wirkt.

In Erkenntnis dieser Tatsache hat Kuhlmann den von ihm konstruierten Durchführungen die Form gegeben, die in Abb. 65 dargestellt ist. Hierbei ist der Porzellankörper möglichst dünn gewählt; das Porzellan bildet sozusagen nur die Haut der Durchführung. Das Hauptisolationsmaterial im Innern der Durchführung ist entweder Luft oder Öl ($\varepsilon = 2{,}2$).

Bemerkenswert ist, daß die von Brown Boveri gebauten Durchführungen[1]) eine konkav gekrümmte Oberfläche besitzen, während die von Kuhlmann berechneten Durchführungen[2]) eine konvexe Oberflächenkrümmung aufweisen.

## 3. Kontrolle der Genauigkeit der Linienbilder.

Wie bereits erwähnt, können die Bilder nur einen ungefähren Aufschluß über die Beanspruchung der Materialien geben; es ist unvermeidlich, daß man beim Aufzeichnen und Auswerten der einzelnen Vierseite

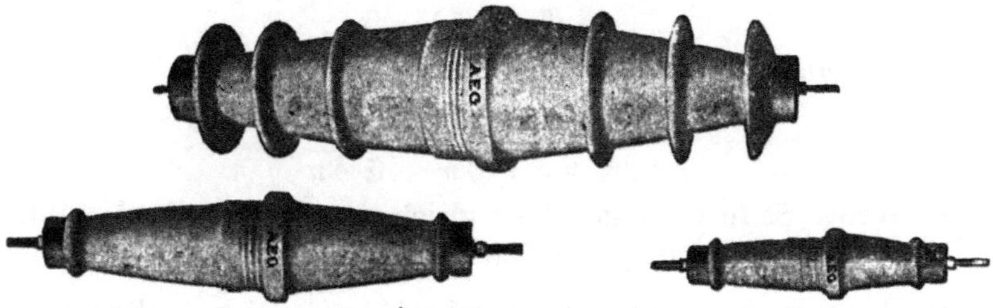

Abb. 65.

Fehler macht, die sich im Laufe der Konstruktion zu ganz erheblichen Ungenauigkeiten addieren können. Je größer man die Zahl der Vierseite nimmt, um so genauer kann man sie zeichnen; da aber die Zahl der Fehlerquellen mit der Zahl der Vierseite wächst, so wird auch durch eine größere Unterteilung die Genauigkeit nicht wesentlich erhöht. Für solche Fälle, wo das Dielektrikum im ganzen Feld einheitlich ist, also für $\varepsilon$ = konstant, kann man die Richtigkeit der Linienbilder durch eine von J. Spielrein angegebene geometrische Methode prüfen.[3])

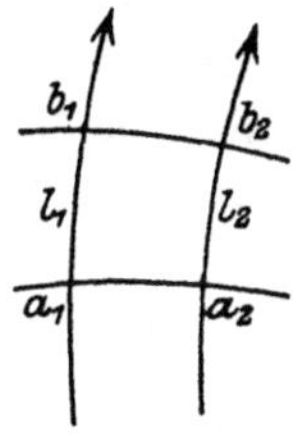


Abb. 66.

In Abb. 66 stellen $a_1\,b_1$ und $a_2\,b_2$ zwei benachbarte Induktionslinien dar. Die Feldstärke auf diesen Linien sei $\mathfrak{E}_1$ bzw. $\mathfrak{E}_2$. $a_1\,a_2$ und $b_1\,b_2$ seien zwei benachbarte Niveauflächen. Wir können, wenn die Längen $l_1$ und $l_2$ der Bogen $a_1\,b_1$ und $a_2\,b_2$ klein sind, unter Vernachlässigung von Größen höherer Ordnung schreiben

$$\mathfrak{E}_1\,l_1 = \mathfrak{E}_2\,l_2\,.$$

Für parallelebene Felder erhalten wir folgendes. Die Gleichung kann man auch schreiben

$$\frac{\mathfrak{E}_2}{\mathfrak{E}_1} = \frac{l_1}{l_2}$$

[1]) Nach Angabe von Dr.-Ing. Schumann.

[2]) Werden von der AEG gebaut.

[3]) J. Spielrein, „Geometrisches zur elektrischen Festigkeitsrechnung." A. f. E. 1915, H. 3 u. 1917, H. 7.

oder

$$\frac{\mathfrak{E}_2 - \mathfrak{E}_1}{\mathfrak{E}_1 + \mathfrak{E}_2} = \frac{l_1 - l_2}{l_1 + l_2}.$$

Die Nenner der beiden Gleichungen werden mit dem halben Abstand $\frac{1}{2}\, a_1 a_2 = \frac{1}{2}\, \delta n$ der beiden Feldlinien multipliziert; es ergibt sich

$$\frac{\mathfrak{E}_2 - \mathfrak{E}_1}{\frac{1}{2}(\mathfrak{E}_1 + \mathfrak{E}_2)\,\delta n} = \frac{l_1 - l_2}{\frac{1}{2}(l_1 + l_2)\,\delta n}.$$

Ist $\delta n$ genügend klein, so kann man schreiben

$$\tfrac{1}{2}(\mathfrak{E}_1 + \mathfrak{E}_2) = \mathfrak{E}$$

und wir erhalten für die linke Seite

$$\frac{\mathfrak{E}_2 - \mathfrak{E}_1}{\frac{1}{2}(\mathfrak{E}_1 + \mathfrak{E}_2)\cdot\delta n} = \frac{1}{\mathfrak{E}}\,\frac{\delta \mathfrak{E}}{\delta n}.$$

Die rechte Seite ist angenähert gleich dem Verhältnis der Differenz der Bogenlängen $l_1$ und $l_2$ zur Fläche $a_1 a_2 \times b_1 b_2$.

Man kann nachweisen, daß dieses Verhältnis gleich der Krümmung $\frac{1}{\varrho}$ ($\varrho$ = Krümmungsradius) der Feldlinie ist. Wir erhalten also die Formel

$$\frac{1}{\mathfrak{E}}\cdot\frac{\delta \mathfrak{E}}{\delta n} = \frac{1}{\varrho}$$

d. h. die relative Änderung der Feldstärke ist in jedem Punkt durch die Krümmung der durch diesen Punkt gehenden Feldlinie vollständig bestimmt. Wir sehen beispielsweise: Die Feldstärke kann nur dann auf einer Fläche konstant sein, wenn alle Feldlinien in ihren Schnittpunkten mit dieser Fläche die Krümmung Null haben. Sind aber die Feldlinien gekrümmt, so steigt die Feldstärke bei einer Verschiebung gegen den Krümmungsmittelpunkt der Feldlinie; auf der konkaven Seite einer Feldlinie ist die Feldstärke größer als auf der konvexen.

Für das in Abb. 61 entworfene Kraftlinienbild ergibt die Kontrollrechnung an der Stelle $X$ beispielsweise:

Die Potentialdifferenz zwischen den Platten sei 8000 Volt, zwischen der oberen Platte und der Niveaufläche also 4000 Volt.

Als Mittelwert der Feldstärke ergibt sich

$$\mathfrak{E} = \frac{\frac{4000}{11{,}2} + \frac{4000}{14}}{2} = 321\;;$$

ferner ist

$$\delta \mathfrak{E} = \frac{4000}{11{,}2} - \frac{4000}{14} = 70\;;$$

$$\delta n = \frac{9{,}8 + 12{,}2}{2} = 11\,.$$

Diese Werte in die Gleichung für $\frac{1}{\varrho}$ eingesetzt gibt:

$$\frac{1}{\varrho} = \frac{1}{50{,}4};$$

$$\varrho = 50{,}4 \text{ mm}.$$

Dieser Krümmungsradius ist in Abb. 61 b eingetragen. Man überzeugt sich, daß sich ein mit diesem Radius gezogener Kreisbogen gut an die Induktionslinie anschmiegt.

Es läßt sich zeigen, daß die letztgenannte Gleichung für meridianebene Felder übergeht in

$$\frac{1}{\mathfrak{E}} \cdot \frac{\delta \mathfrak{E}}{\delta t} = -H$$

d. h. die relative Abnahme der Feldstärke bei einer Verschiebung um die Längeneinheit in der Richtung der Tangente der Feldlinie ist gleich der mittleren Krümmung $H$ der orthogonalen Flächen.

Unter mittlerer Krümmung versteht man die algebraische Summe der Krümmung zweier zueinander senkrechter Normalschnitte. Unter Beschränkung auf die Rotationsflächen gilt folgendes: Die Krümmungsmittelpunkte aller zu den Meridianebenen senkrechten Normalschnitte befinden sich auf der Drehachse. Die Krümmung eines solchen Normalschnittes ist also $\frac{1}{N}$ (Abb. 67). Der Krümmungsmittelpunkt des Meridianschnittes im Punkt $X$ liegt im gezeichneten Fall jenseits des Meridianschnittes. Für die mittlere Krümmung erhält man dann

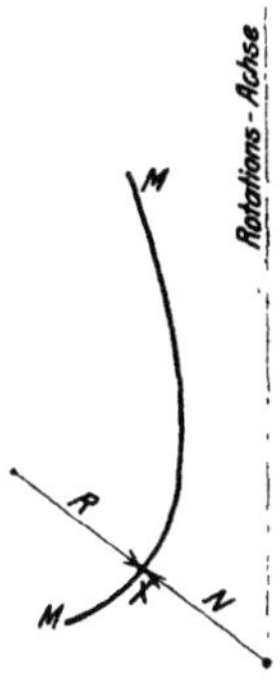

Abb. 67.

$$H = \frac{1}{N} - \frac{1}{R},$$

wenn das Feld nach außen gerichtet ist, und

$$H = \frac{1}{R} - \frac{1}{N},$$

wenn das Feld nach innen gerichtet ist.

Ist der Rotationskörper ein Kreiszylinder mit dem Radius $R$ (Abb. 63), so ist die mittlere Krümmung gleich $\frac{1}{R}$, weil die Axialschnitte der Zylinderfläche geradlinig sind, also die Krümmung Null haben. Die Kontrolle des Linienbildes für die Durchführung erfolgt also genau so wie vorher.

# III. Experimentelle Ermittlung und Prüfung der elektrischen Festigkeit von Isolierstoffen und Konstruktionen.

Die bis jetzt angestellten Berechnungen basieren auf der Kenntnis der elektrischen Festigkeit der Isoliermaterialien.

Die experimentelle Ermittlung und Prüfung der Durchschlagfestigkeit von Isoliermaterialien gehört zu den schwierigsten Aufgaben der Hochspannungstechnik. Daraus erklärt es sich, daß die Versuchsergebnisse der verschiedenen Autoren so schlecht übereinstimmende Werte zeigen.

Wir werden im folgenden jedoch sehen, daß sich die den Materialien eigentümlichen Bruchgrenzen viel genauer bestimmen lassen, als man bisher anzunehmen gewöhnt war, und es ist kein Zweifel, daß beim weiteren Ausbau unserer Kenntnisse über die elektrische Festigkeit bei manchen Konstruktionen eine weitgehende Materialersparnis eintreten wird.

Der dritte Teil dieses Buches zerfällt in folgende Abschnitte:

A. Ermittlung der elektrischen Festigkeit der Isolierstoffe.
B. Prüfung der elektrischen Festigkeit von fertigen Konstruktionen.
C. Einrichtungen eines Hochspannungsversuchsfeldes.

Auf die chemische Zusammensetzung der Isoliermaterialien wird hier nicht eingegangen; die Untersuchungen hierüber gehören in das Gebiet der chemischen Technologie der Isolierstoffe.[1])

## A. Ermittlung der elektrischen Festigkeit der Isolierstoffe.

Bei der Ermittlung der Durchschlagfestigkeit von Isolierstoffen müssen wir unterscheiden zwischen

1. gasförmigen Isolierstoffen;
2. flüssigen Isolierstoffen und
3. festen Isolierstoffen.

---

[1]) Eine übersichtliche Zusammenstellung findet man in: Dr. Bültemann, Isoliermaterialien der Elektrotechnik, E. und M. 1917, H. 48 und 49.

## 1. Gasförmige Isolierstoffe.

Von den gasförmigen Isolierstoffen ist bis jetzt die Luft der wichtigste. Eine sehr merkwürdige Eigenschaft der Luft als Isolator haben wir bereits kennengelernt, nämlich die, daß die elektrische Festigkeit derselben an Zylindern und Kugeln, kurz an gekrümmten Flächen vom Krümmungsradius abhängt, und zwar in dem Sinne, daß die Durchschlagfestigkeit um so größer ist, je kleiner der Krümmungsradius ist (Kurven Abb. 9 und 10). Wir haben diese Erscheinung bereits mit Hilfe der Ionentheorie geklärt.

Ferner wurde bereits mehrfach erwähnt, daß der Durchschlag der Luft mit verschiedenen Erscheinungen verknüpft sein kann: Der Durchbruch kann erfolgen in Form von Glimmentladung, Büschelentladung und Funkenentladung. Dabei versteht man unter Glimmentladung das erste dem Auge sichtbare Leuchten; die Büschelentladung stellt den Übergang von der Glimmentladung zur Funkenentladung dar; wie der Name schon sagt, hat die Entladungserscheinung die Form von Büscheln. Das Bild der Funkenentladung dürfte von den atmosphärischen Entladungen her (Zickzackblitze) allgemein bekannt sein.

Wir haben bei der Luftdurchführung gesehen, daß der Durchbruch der Luft ein unvollkommener oder ein vollkommener sein kann; wir haben auch bereits eine Erklärung für diese Erscheinung gefunden. (Wir nannten das Auftreten der Glimm- oder Büschelentladung „unvollkommener Durchschlag".) Die Glimm- und Büschellichthülle stellt, weil gut leitend, eine Vergrößerung des Durchmessers des Innenzylinders dar. Der unvollkommene Durchschlag tritt immer dann und nur dann auf, wenn durch die sich bildende Glimmlichthülle die Feldstärke an der Peripherie der Glimmlichthülle unter den kritischen Wert (Durchbruchspannung der Luft) gebracht werden kann.

Wir tragen die Kurve für die Durchschlagspannung einer Luftdurchführung nochmals auf, diesmal aber in anderer Form. Die Kurve Abb. 11 stellt die Durchschlagspannung einer Luftdurchführung dar, abhängig vom Durchmesser des Innenzylinders, wenn der Durchmesser des äußeren Zylinders festgehalten wird. Wir wollen die Kurve nun abhängig vom Abstand zwischen der Oberfläche des inneren Zylinders und der inneren Oberfläche des äußeren Zylinders auftragen. Wir nehmen dabei an, daß der Durchmesser des äußeren Zylinders festgehalten wird, ebenso die Lage der Achse des Innenzylinders und lassen den Durchmesser des inneren Zylinders wachsen. Dadurch wird die Kurve Abb. 11 um 180° umgeklappt (Bogen *OAB* Abb. 68).

Diese so entstandene Kurve teilen wir in drei Gebiete: Im ersten Gebiet findet stets ein vollkommener Durchschlag in Form von Funkenentladung statt (labiles Gebiet). Im dritten Gebiet findet stets ein unvollkommener Durchschlag in Form von Glimm- oder Büschelentladung statt (stabiles Gebiet). Im zweiten Gebiet ist die Form des Durchschlages unsicher, er kommt bald als vollkommener, bald als unvollkommener Durchschlag zustande (indifferentes Gebiet). Steigert man im dritten Gebiet die Spannung immer höher, so stellt sich bei gewissen Werten der Spannung (dick ausgezogene Kurve) auch hier der vollkommene Durchschlag ein[1]). Die Kurve des vollkommenen Durchschlages läuft also vom ersten Gebiet durch das zweite in das dritte Gebiet hinein, so wie die dick gezeichnete Kurve es angibt. Im dazwischen liegenden Teil des dritten Gebietes kann der unvollkommene Durchschlag die Form der Glimmentladung oder Büschelentladung haben.

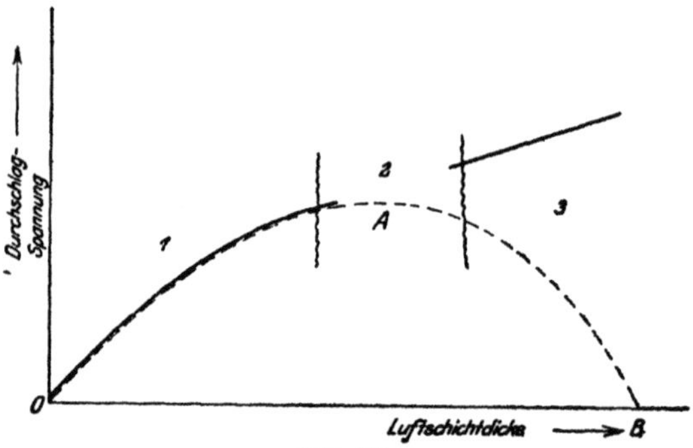

Abb. 68.

Eine weitere, sehr charakteristische Kurve soll im Anschluß hieran noch erwähnt werden. Einer Ebene wird eine kleine Kugel gegenübergestellt; die Entfernung des Mittelpunktes der Kugel von der Ebene werde als konstant angenommen. An die beiden Elektroden wird eine Spannung angelegt und bis zum Durchbruch der Luft gesteigert. Läßt man den Durchmesser der Kugel bei festgehaltenem Mittelpunkt immer größer werden, so erhält man für die Durchbruchspannung eine ähnliche Kurve wie bei der Luftdurchführung.

Trägt man die Durchbruchspannung ähnlich wie vorher als Funktion der Luftstrecke (kürzeste Entfernung zwischen Kugeloberfläche und Ebene) auf, so erhält man ein ganz analoges Bild, wie Abb. 68 zeigt.

Das gleiche gilt für die Elektroden: Zylinder gegenüber Ebene.

Wir können, wie wir gesehen haben, ganz allgemein angeben, bei welchen Elektroden Glimm- oder Büschelentladung möglich ist: Offenbar bei allen den Elektroden, bei welchen die Feldstärke an der Oberfläche mit zunehmendem Krümmungsradius abnimmt, also bei Kugeln, Zylindern und Spitzen, und zwar muß der unvollkommene Durchschlag um so reiner auftreten, je kleiner der Krümmungsradius der Fläche ist, während der vollkommene Durchschlag um so sicherer auftreten muß, je größer der Krümmungsradius der Fläche ist. Im Grenzfall: Krümmungsradius gleich unendlich (Ebene) ist über-

[1]) Die Spannung für den vollkommenen Durchschlag kann man leicht berechnen; sie ist gleich der Spannung, bei welcher der Radius der Glimmlichthülle gleich $R$ wird.

haupt nur vollkommener Durchschlag möglich. Beim Übergang des unvollkommenen zum vollkommenen Durchschlag haben wir stets ein Gebiet zu erwarten, in dem bald die eine, bald die andere Durchschlagform auftritt; wir nennen dieses Gebiet Übergangsgebiet.

Es könnte die Befürchtung ausgesprochen werden, als ob durch diese verschiedenen Möglichkeiten der Entladungsformen in die Festigkeitsrechnungen für die Luft eine gewisse Unsicherheit hereinkäme. Das ist aber nicht der Fall. Die Unregelmäßigkeit liegt nicht in der Spannung, bei welcher die ersten Durchbruchserscheinungen der Luft eintreten, diese gehorcht vielmehr streng den von uns abgeleiteten Gesetzen; unsicher können vielmehr nur die Spannungswerte sein, bei welchen der Übergang von einer Entladungsform in die andere stattfindet.

Die verwickelten Erscheinungen der Entladungsvorgänge sind zuerst von Toepler in der eingehendsten Weise erforscht worden. In neuerer Zeit hat W. Weicker[1]) die Entladungen an Kugel- und Spitzenfunkenstrecken systematisch erforscht. Auf der letztgenannten Arbeit fußen die folgenden Darlegungen.

Die Spannung, bei welcher der erste sichtbare Stromübergang, das erste Glimmen stattfindet, nennt man Anfangsspannung.

Das Gebiet, in welchem die Entladungen die Form von Glimmentladungen haben, nennt man das Gebiet der Glimmentladung.

Die Spannung, bei welcher die Glimmentladung in Büschelentladung übergeht, nennt man Grenzspannung der Glimmentladung.

Das Gebiet, in welchem die Entladungen die Form von Büschelentladungen haben, nennt man Gebiet der Büschelentladungen.

Die Spannung, bei welcher die Büschelentladung in die nächste stromstärkere Entladungsform übergeht, (Büschel-)Lichtbogenentladung, nennt man Grenzspannung der Büschelen ladung.

Betrachten wir nochmals die Kurve Abb. 68, so sehen wir, daß die Durchschlagspannung entweder mit der Anfangsspannung zusammenfallen kann (erstes Gebiet), d. h. es tritt überhaupt keine Glimmentladung auf, die erste sofort auftretende Entladungsform ist der Lichtbogen; oder sie kann zusammenfallen mit der Grenzspannung der Büschelentladung (drittes Gebiet). Es ist auch der Fall möglich, daß die Durchschlagspannung mit der Grenzspannung der Glimmentladung zusammenfällt.

Trägt man die Durchbruchspannung abhängig vom Elektrodenabstand auf, so erhält man für Spitzen- oder kleine Kugelelektroden folgendes allgemeines Bild (Abb. 69).

[1]) W. Weicker, „Zur Beurteilung von Hochspannungs-Freileitungs-Isolatoren nebst einem Beitrag zur Kenntnis von Funkenspannungen", Dissertation Dresden.

Die Erscheinungen vereinfachen sich wesentlich bei Kugelelektroden mit größerem Durchmesser (von 2 cm ab), da hier die Ausbildung der Glimmentladung wegfällt. Wir erhalten dann folgendes Bild für die Entladungsform (Abb. 70).

Weicker hat den Einfluß des atmosphärischen Zustandes auf die einzelnen Entladungsformen experimentell untersucht und gefunden:

Die Anfangsspannung ist dem Luftdruck direkt, der absoluten Temperatur umgekehrt proportional. Eine Abhängigkeit von der Luftfeuchtigkeit ist nicht nachweisbar.

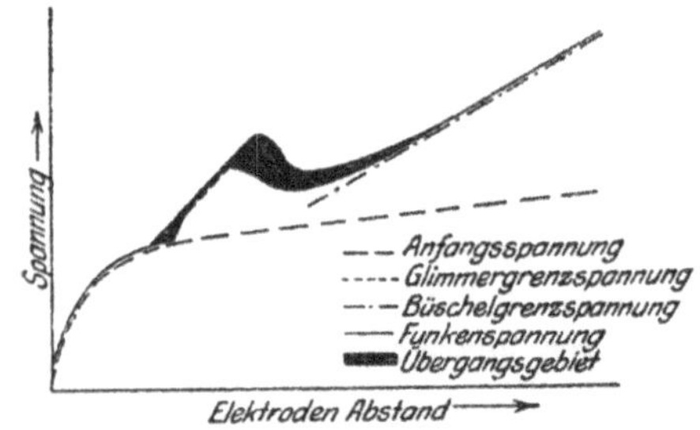


Abb. 69.

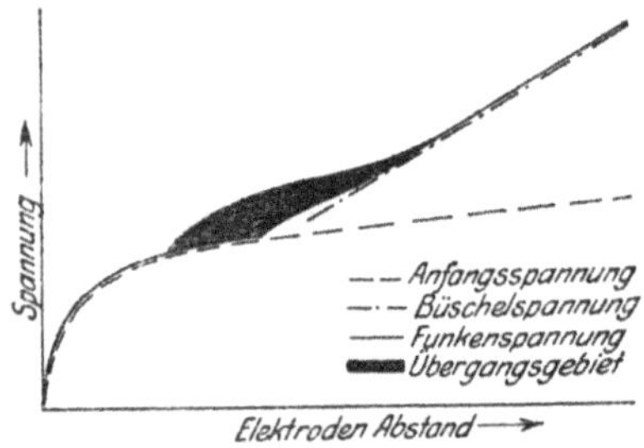


Abb. 70.

Die Büschelgrenzspannung nimmt wie die Anfangsspannung mit dem Luftdruck zu und der absoluten Temperatur ab, und zwar stets etwas rascher als die Anfangsspannung.

Bezüglich der Feuchtigkeit ergibt sich die unerwartete Tatsache, daß die Büschelgrenzspannung mit zunehmender Luftfeuchtigkeit zunimmt. Weicker hat hierfür das Gesetz gefunden:

$$\mathfrak{E}_b = 30 + (d - 6)\,(2{,}8 + 0{,}06\,q) \text{ Kilovolt pro cm (maximal nicht effekt.)}$$

$d$ bedeutet den Elektrodenabstand in cm und $q$ die absolute Feuchtigkeit in g pro cbm.

Wenn die Funkenspannung der Anfangsspannung folgt, gilt folgende Formel für die Abhängigkeit vom Barometerstand $b$ und der Temperatur $t°$ C:

$$P_b = P'_b \frac{760\,(273 + t°)}{b\,(273 + 20)}$$

hierin bedeutet $P'_b$ die beim Barometerstand $b$ mm und der Temperatur $t°$ C gemessene Spannung. Die Umrechnung auf 760 mm Barometerstand und 20° C ergibt dann die Spannung $P_b$.

Die von Weicker gefundenen Werte für die Durchbruchspannungen bei verschiedenen Elektrodenformen sind in der Tabelle zusammengestellt. Durch den fetten Druck sind die Spannungen hervorgehoben, bei welchen die Funkenspannung mit der Anfangsspannung zusammenfällt.

$b = 740$ mm Hg, $t = 20°$, $r = 50$ vH.[1]) Effektivwerte.[2]) Sinuskurvenform.

| Elektrodenabstand | Anfangsspannung | | | | | Büschelgrenzspannung | | |
|---|---|---|---|---|---|---|---|---|
| | Kugeldurchmesser = | | | | | Spitzenelektroden | Kugeldurchmesser = | |
| cm | 1 cm | 2 cm | 5 cm | 10 cm | 15 cm | | 1 cm | 2 cm |
| 1 | **19,9** | **21,5** | **22,8** | **21,0** | **21,0** | | | |
| 2 | **26,6** | **36,4** | **41,2** | **41,9** | **41,3** | | | |
| 3 | **30,3** | **44,5** | **55,7** | **59,9** | **58,6** | | | |
| 4 | **33,0** | **49,5** | **67,3** | **75,5** | **75,6** | | | |
| 5 | **35,0** | **53,4** | **76,2** | **88,2** | **91,4** | | | |
| 6 | **36,2** | **56,4** | **83,2** | **100,0** | **105,6** | | | |
| 7 | 37,3 | **59,0** | **88,9** | **110,3** | **118,5** | | | |
| 8 | 38,3 | **61,2** | **93,8** | **120,0** | **130,7** | 39,0 | | |
| 9 | 39,1 | **63,0** | **98,3** | **128,2** | **141,5** | 41,7 | | |
| 10 | 39,8 | **64,6** | **102,3** | **135,4** | **151,3** | 44,8 | | |
| 11 | 40,4 | **66,0** | **105,8** | **142,0** | **160,0** | 47,3 | | |
| 12 | 40,9 | **67,2** | **109,0** | **148,1** | **168,0** | 50,4 | | |
| 13 | 41,3 | 68,4 | **111,7** | **153,3** | **175,1** | 53,2 | | |
| 14 | 41,8 | 69,6 | **114,7** | **158,5** | **183,4** | 56,6 | | |
| 15 | 42,2 | 70,7 | **117,3** | **163,6** | **189,0** | 59,6 | | |
| 16 | 42,5 | 71,8 | **120,0** | **168,0** | | 62,6 | | |
| 18 | 42,8 | 72,8 | **122,9** | **176,5** | | 68,8 | 75,2 | |
| 20 | 43,1 | 73,8 | **126,0** | **184,2** | | 75,1 | 81,1 | |
| 22 | 43,4 | 74,9 | 129,0 | | | 81,9 | 87,0 | |
| 24 | 43,7 | 76,0 | 132,2 | | | 88,4 | 93,2 | 98,8 |
| 26 | 44,0 | 77,0 | 135,2 | | | 95,0 | 99,2 | 104,2 |
| 28 | 44,3 | 77,9 | 137,5 | | | 101,5 | 105,5 | 109,9 |
| 30 | 44,6 | 78,8 | 139,4 | | | 108,1 | 112,0 | 115,9 |
| 32 | 45,0 | 79,6 | 141,2 | | | 114,7 | 118,6 | 121,7 |
| 34 | 45,3 | 80,3 | 142,8 | | | 121,2 | 125,1 | 127,9 |
| 36 | 45,6 | 80,9 | 144,4 | | | 127,8 | 131,7 | 134,0 |
| 38 | 45,9 | 81,6 | 145,9 | | | 134,3 | 138,1 | 140,5 |
| 40 | 46,2 | 82,2 | 147,3 | | | 140,8 | 144,7 | 147,3 |
| 42 | 46,4 | 82,7 | 148,7 | | | 147,3 | 151,2 | 153,8 |
| 44 | 46,6 | 83,2 | 150,1 | | | 153,9 | 157,7 | 160,3 |
| 46 | 46,8 | 83,7 | 151,4 | | | 160,4 | 164,3 | 166,8 |
| 48 | 46,9 | 84,1 | 152,7 | | | 167,0 | 170,9 | 173,5 |
| 50 | 47,0 | 84,5 | 153,9 | | | 173,5 | 177,4 | 180,0 |
| 52 | 47,1 | 85,0 | 155,0 | | | 180,1 | 184,0 | 186,6 |
| 54 | 47,2 | 85,4 | 156,0 | | | 186,7 | 190,6 | 193,2 |
| 56 | 47,3 | 85,8 | 157,0 | | | 193,3 | 197,1 | 199,7 |
| 58 | 47,4 | 86,2 | 158,0 | | | 199,8 | 203,7 | 206,3 |
| 60 | 47,5 | 86,6 | 158,9 | | | 206,4 | 210,2 | 212,8 |

Rechnet man aus den fettgedruckten Zahlen die Durchschlagfestigkeit, d. h. die Durchschlagspannung pro 1 cm abhängig von der Elektrodenentfernung aus, so sieht man, daß sich für kleine Elektrodenentfernungen die Durchschlagfestigkeit um so mehr dem Wert von

[1]) Relative Feuchtigkeit.
[2]) In $kV$ angegeben.

21 000 Volt (effektiv) pro 1 cm nähert, je größer der Durchmesser der Kugelelektroden ist. Die Durchschlagfestigkeit von 21 000 Volt eff. pro cm gilt für zwei planparallele Platten als Elektroden. Wie bereits erwähnt, fällt bei Plattenelektroden die Durchschlagspannung stets mit der Anfangsspannung zusammen.

Über die Durchschlagfestigkeit verschiedener gasförmiger Isoliermaterialien siehe die Zusammenstellung am Ende des Buches.

## 2. Flüssige Isolierstoffe.

Der wichtigste flüssige Isolierstoff der Hochspannungstechnik ist das Öl. Seine Verwendung bei Hochspannungstransformatoren, Hochspannungsapparaten (Schaltern) ist bekannt.

Im Öl sind alle Entladungserscheinungen, Glimm-, Büschel- und Lichtbogenentladungen möglich wie in der Luft, wenn man als Elektroden Kugeln oder Spitzen oder Zylinder verwendet. Der Prüfung von Öl mit solchen Elektroden kann aber in der Praxis keine Bedeutung beigelegt werden, da die durch diese Entladungen entstehenden Zersetzungsprodukte bei den verschiedenen Ölen ganz verschiedene Wirkungen hervorrufen; es kann dadurch ein sehr gutes Öl, d. h. ein Öl mit sehr hoher Durchschlagfestigkeit schlechter erscheinen, als ein minderwertiges Öl[1]).

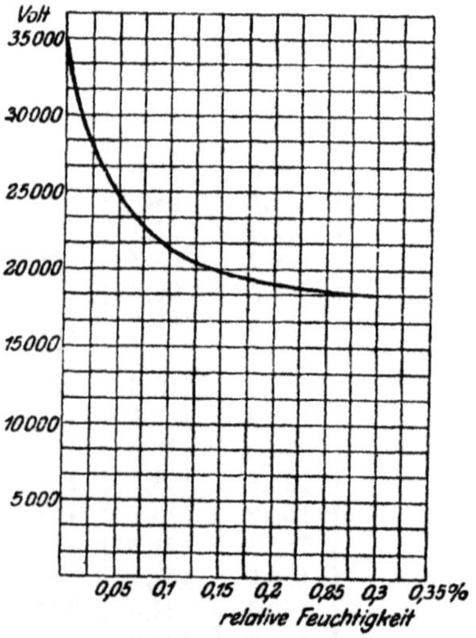


Abb. 71.

Am zweckmäßigsten verwendet man zur Ölprüfung Plattenelektroden mit sanft abgerundeten Rändern; es ist dabei nur streng darauf zu achten, daß die Platten vollkommen planparallel sind. Die Plattenelektroden müssen so in das Öl getaucht werden, daß die Plattenflächen vertikal stehen, damit etwaige Zersetzungsprodukte nach unten sinken können.

P e t e r s e n verwendet als Elektroden auch einen Apparat mit auswechselbaren konzentrischen Zylindern. Nach der für die konzentrischen Zylinder geltenden Formel kann die Durchbruchfestigkeit $\mathfrak{E}_b$ berechnet werden. Eine Abhängigkeit der Durchschlagfestigkeit vom Zylinderdurchmesser scheint nicht vorhanden zu sein.

Dagegen ist die Durchschlagfestigkeit des Öles sehr stark von der F e u c h t i g k e i t desselben abhängig. In Abb. 71 ist eine von T o b e y

[1]) P e t e r s e n, „Hochspannungstechnik“, S. 35.

angegebene Kurve dargestellt, welche die Abhängigkeit der Durchschlagspannung von der Feuchtigkeit zeigt.

Wegen dieser großen Empfindlichkeit gegen Feuchtigkeit muß das Öl vor der Prüfung sorgfältig entfeuchtet werden. Das kann auf verschiedene Weise geschehen; entweder durch Auskochen über der Siedetemperatur des Wassers (105 bis 115° C) oder durch chemische Entfeuchtung, indem man das Öl über ungelöschten Kalk träufeln läßt. Danach muß eine sorgfältige Reinigung des Öles vorgenommen werden. In dem von den S. S.W. gebauten Ölfiltern wird das Öl aus dem Kalkfilter noch über ein Sandfilter geleitet.

Sehr empfehlenswert ist die Entfeuchtung des Öles, indem man es durch Filtrierpapier hindurchpreßt.

Die Vereinigung der Elektrizitätswerke hat für die Lieferung von Transformatoren- und Schalterölen folgende technische Bedingungen aufgestellt:

§ 1. Als Transformatoren- und Schalteröle sollen nur reine, hochraffinierte Mineralöle verwendet werden, die in Eisenfässern anzuliefern sind.

§ 2. Das spezifische Gewicht darf nicht unter 0,85 und nicht über 0,92 bei 15° C betragen.

§ 3. Der Flüssigkeitsgrad nach Engler, bezogen auf Wasser von 20° C, soll bei einer Temperatur von 20° C nicht über 8° sein.

§ 4. Der Flamm- und Brennpunkt in einem offenen Tiegel nach Marcussohn bestimmt, soll nicht unter 160° C bzw. nicht unter 180° C liegen.

§ 5. Der Gefrierpunkt (Festpunkt) soll nicht über —20° C liegen. Das Öl muß im Reagenzglas von 15 mm Weite in einer Höhe von 4 cm eingefüllt, nach einstündiger Abkühlung auf —20° C umgedreht noch fließend und klar sein.

§ 6. Die Verdampfungsverluste dürfen nicht über 0,4% nach fünfstündigem Erhitzen auf 100° C betragen.

§ 7. Das Öl soll frei von Säure, Alkali, Schwefel und außerdem absolut trocken sein. Die Trockenheit wird durch Erhitzen einer Probe im Reagenzglas festgestellt. Es darf sich hierbei weder eine Trübung des Öles noch ein knisterndes Geräusch zeigen.

§ 8. Das Öl muß vollkommen rein sein. Es darf keine suspendierten Teile, Fasern, Sand od. dgl. enthalten.

§ 9. Das Öl soll nach einer 70stündigen Erwärmung auf 120° C unter Durchleitung von reinem Sauerstoffgas noch vollständig klar und in Benzin 0,700 klar löslich sein. Die Teerzahl darf 0,10% nicht übersteigen.

Angaben über die Durchschlagspannung bzw. Durchschlagfestigkeit von Ölen sind in der Tafel am Schluß des Buches zusammengestellt.

## 3. Feste Isolierstoffe.

Die experimentelle Ermittlung der Durchschlagsfestigkeit der festen Isoliermaterialien scheint auf den ersten Blick sehr einfach zu sein: Man bringt das Isoliermaterial, das in Form von planparallelen Platten gegeben sei, in ein möglichst homogenes Feld, also zwischen zwei genügend große planparallele Metallplatten, verbindet diese beiden Belege mit den Klemmen der Stromquelle und steigert die Spannung bis zum Durchschlag. Auf diese Weise sind auch die meisten Zahlen der Durchschlagfestigkeit von festen Isoliermaterialien gewonnen. Es ist aber geradezu erstaunlich, wie stark die von den einzelnen Autoren gewonnenen Versuchsresultate voneinander abweichen. Offenbar können derartige Unterschiede in den Prüfungsergebnissen nur auftreten:

1. wenn die elektrischen Isoliermaterialien sehr inhomogen sind, also viele schwache Stellen aufweisen, oder
2. wenn die Versuchsbedingungen nicht richtig gewählt sind und Änderungen derselben von so großem Einfluß sind, daß dadurch die großen Unterschiede in den Resultaten bedingt sind.

Im erstgenannten Falle ließe sich natürlich gegen die verschiedenen Prüfungsergebnisse nichts tun; das Material wäre eben um so schlechter zu bewerten, je größer die Unterschiede bei der Prüfung sind.

Der Verfasser hat in seinem Laboratorium mit Hilfe einer automatisch arbeitenden Prüfeinrichtung, welche später noch näher beschrieben wird, eine große Anzahl von Durchschlagsversuchen mit festen Isoliermaterialien angestellt und ist zum überraschenden Resultat gekommen, daß der Durchschlag bei geeigneten, wohldefinierten Versuchsbedingungen mit geradezu mathematischer Genauigkeit eintritt, es sind also die schlecht stimmenden Versuchsergebnisse nicht auf Fehler im Isoliermaterial, sondern meist auf mangelhafte Versuchsbedingungen zurückzuführen.

Im folgenden sollen nun der Reihe nach a) die Versuchsbedingungen für die Prüfung der Isoliermaterialien im allgemeinen und im Anschluß daran b) die besonderen Bedingungen bei der Prüfung der nichthygroskopischen und c) der hygroskopischen Isoliermaterialien besprochen werden.

### a) Allgemeine Versuchsbedingungen.

Eine der schwierigsten Fragen bei der Prüfung der Isoliermaterialien ist die Wahl der Elektroden. Nehmen wir an, das Material wäre in Form von planparallelen Platten gegeben, so kann man es wohl erreichen, daß die Elektroden (Metallplatten) überall gut auf dem Versuchmaterial aufliegen. Gegen die Mitte der Platte zu ist dann auch tatsächlich ein homogenes Feld vorhanden und es kann demnach, wenn der

Durchschlag in dieser Gegend erfolgt, die Durchschlagfestigkeit leicht ermittelt werden zu

$$\mathfrak{E}_b = \frac{P_d}{d};$$

dabei bedeutet $P_d$ die Durchbruchspannung und $d$ die Plattendicke des Isoliermaterials.

Anders liegen jedoch die Verhältnisse, wenn der Durchschlag nicht in der Nähe der Plattenmitte, sondern gegen den Plattenrand zu oder gar unter demselben erfolgt. Gegen die Plattenränder zu ist das Feld nicht mehr homogen, die Feldlinien bauchen gegen die Ränder zu immer mehr aus (Abb. 61). Unter den Rändern selbst, also an den Stellen, an welchen die Platten nicht mehr auf dem Isoliermaterial aufliegen, verlaufen die Feldlinien nicht mehr vollständig im Isoliermaterial, sondern durchsetzen auch die Luft. Man hat hier also eine aus mehreren Dielektriken (Luft — Isoliermaterial) zusammengesetzte Anordnung in einem inhomogenen Feld. Erfolgt nun der Durchschlag an diesen Stellen, so erhält man für die Durchschlagfestigkeit $\mathfrak{E}_b$ falsche Werte, wenn man sie nach der obigen Formel berechnet.

Würde bei der eben beschriebenen Versuchsanordnung (Plattenkondensator) der Durchschlag gegen die Mitte der Platten zu erfolgen, so brauchte man sich nicht um die Randerscheinungen zu bekümmern. Leider ist dies jedoch meist nicht der Fall, bei den meisten Isoliermaterialien erfolgt der Durchschlag fast regelmäßig unter dem Rand der Platten. Das hat im folgenden seinen Grund:

Unter dem Plattenrand ist die Feldstärke in der Luft $\mathfrak{E}_1$ gegeben durch

$$\mathfrak{E}_1 = \varepsilon_2 \mathfrak{E}_2$$

wenn $\varepsilon_2$ die Dielektrizitätskonstante und $\mathfrak{E}_2$ die Feldstärke im Isoliermaterial bedeutet. Da nun die Isolierstoffe eine größere Dielektrizitätskonstante wie die Luft besitzen, tritt unter dem Rande meist Glimmentladung, bei höheren Spannungen Büschelentladungen und schließlich Gleitfunkenentladung auf. (Das Eintreten der Vorentladungen kann man berechnen, wenn man die Anordnung als Kondensatorkette auffaßt.) Hierzu kommt noch, daß durch die Linienbrechung in der obersten Schicht des Isoliermaterials eine sehr hohe Beanspruchung (Erhöhung der Feldstärke) auftritt, die mit der Oberflächenentladung zusammen das Material sehr stark angreifen und zum vorzeitigen Durchschlag führen.

Aber selbst wenn der Durchschlag gegen die Plattenmitte zu erfolgt, kann die elektrische Festigkeit meist nicht einwandfrei ermittelt werden. Nur in seltenen Fällen besitzen nämlich die zu prüfenden Isoliermaterialien glatte Oberflächen, sie sind vielfach rauh und uneben. Die Metallplatten liegen dann nur unvollkommen auf, man hat also auch in der Mitte der

Platten Luftschichten und ähnliche Erscheinungen wie unter den Rändern können auch unter der Plattenmitte auftreten.

Damit kann man auch eine sehr merkwürdige Erscheinung erklären, die zu manchen Trugschlüssen Anlaß gegeben hat.

Man hat nämlich die Erfahrung gemacht, daß die Durchschlagspannung von der Größe der verwendeten Plattenelektroden abhängig ist, und zwar findet man, daß die Durchschlagspannung um so kleiner wird, je größer die Fläche der Elektroden ist.

Die meisten Autoren erklären die Erscheinung damit, daß man bei Verwendung großer Elektroden schwache Stellen in einem Isoliermaterial leichter findet als bei Verwendung von kleinen Elektroden. Der Verfasser bestreitet die Richtigkeit dieser Erklärung; denn man muß doch annehmen, daß man mit kleinen Elektroden bei genügend vielen Versuchen gelegentlich auch auf schwache Stellen treffen müßte.

Die Erscheinung ist vielmehr wohl so zu erklären:

Aus der Mechanik ist bekannt, daß sich eine Platte im stabilen Gleichgewicht befindet, wenn sie an mindestens drei Punkten unterstützt ist. Je größer nun eine Platte ist, um so größer ist das Verhältnis: Gesamtfläche der Platte zu wirklich aufliegender Fläche der Platte, d. h. je größer eine Platte ist, um so schlechter liegt sie auf. Bei großen Platten sind also mehr Stellen vorhanden, an welchen sich zwischen Isoliermaterial und Platte eine dünne Luftschicht befindet, als bei kleinen Platten, es müssen also die oben beschriebenen ungünstigen Erscheinungen in erhöhtem Maße auftreten.

Einen sehr schönen Beweis für die Richtigkeit dieser Behauptung kann man dadurch liefern, daß man bei Verwendung großer Platten den Auflagedruck variiert. Es zeigt sich dann: Je größer der Druck ist, mit dem die Platte aufliegt, desto höher wird die Durchschlagspannung. Die Erklärung hierfür liegt nahe: Je größer der Druck ist, um so mehr schmiegt sich die Platte dem Isoliermaterial an, um so weniger Luftschichten befinden sich zwischen beiden.

Es ist leicht begreiflich, daß in den genannten Fällen die ermittelten Werte der Durchschlagfestigkeit von den wahren Werten sehr stark abweichen können. Die Erfahrung bestätigt dies auch; denn man kann in der Literatur für ein und dasselbe Isoliermaterial Werte für die Durchschlagfestigkeit finden, die um 50% und noch mehr voneinander abweichen.

Da wir die schlechte Auflage der Plattenelektroden als mögliche Ursache unstimmiger Versuchsresultate erkannt haben, liegt der Gedanke nahe, als Elektroden Quecksilbertropfen zu nehmen. Der Verfasser hat auch mit diesen Elektroden eingehende Versuche angestellt, die jedoch zu keinem befriedigenden Resultat geführt haben. Es hat sich gezeigt, daß sich das Quecksilber bei rauher Oberfläche des Materials nicht gut anschmiegt, es bleiben auch hier dünne Luftschichten bestehen, die zu einem vorzeitigen Durchschlag führen. Außerdem machen sich bei dem kleinen Krümmungsradius des Meniskus die Randentladungen sehr störend bemerkbar; da der Krümmungsradius von verschiedenen Umständen abhängt, treten die Randentladungen nicht immer bei der gleichen Spannung ein. Man kann also auch die Quecksilberelektroden nicht als wohldefinierte Elektroden betrachten.

In vielen Prüffeldern wird Stanniol als Elektroden gewählt. Damit sind viele Nachteile verknüpft; meist liegt das Stanniol nicht gut auf, so daß zwischen Stanniol und Isoliermaterial eine Luftschicht bestehen bleibt, ferner sind die scharfen Kanten des Stanniols sehr schädlich, weil dort sehr hohe Feldstärken und damit schädliche Vorentladungen auftreten können.

Wir sehen also, daß die Ermittlung der Durchschlagfestigkeit in homogenen Feldern nicht so einfach ist, wie es auf den ersten Blick erscheinen mag und wie es vielfach auch angenommen wird. Die Hauptschwierigkeit liegt, um es nochmals zu wiederholen, in dem Auftreten von Vorentladungen, durch welche das Material stark angegriffen und ein vorzeitiger Durchschlag eingeleitet wird. Auf die Wahl der Elektroden kommen wir bei der Besprechung der Prüfmethoden für nichthygroskopische und hygroskopische Materialien nochmals zurück.

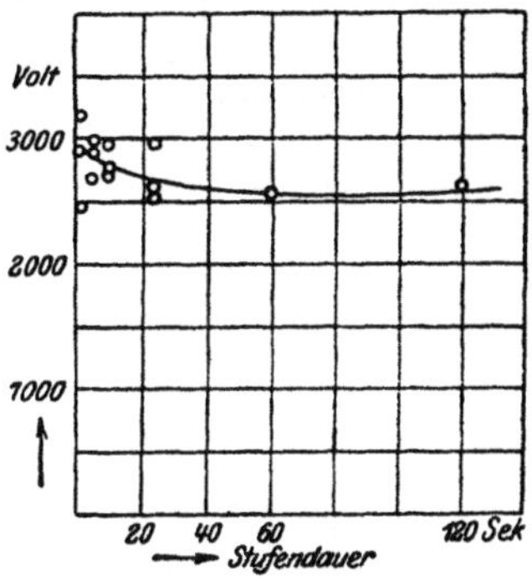

Abb. 72.

Ein weiterer wichtiger Punkt, der auf die Versuchsresultate von wesentlichem Einfluß ist, ist die Prüfdauer, und zwar sind die Resultate um so mehr von der Prüfdauer abhängig, je ausgeprägter die Vorentladungen, d. h. die damit verbundenen Beschädigungen des Materials sind.

Man kann drei verschiedene Verfahren bezüglich der Prüfdauer unterscheiden. Man kann erstens die Spannung „allmählich" steigern, d. h. man geht mit der Spannung langsam aber stetig in die Höhe bis zum Durchschlag. Diese Methode ist am meisten beliebt, weil die Prüfung nur kurze Zeit beansprucht und auch am bequemsten ist. Derartige Versuche haben jedoch nur wenig praktischen Wert; dies geht deutlich aus folgenden Versuchen hervor. Bei der Prüfung eines 2 mm dicken Preßspans wurde die Spannung jeweils um 200 Volt gesteigert, und zwar einmal alle zwei Sekunden, bei einem weiteren Versuch alle fünf Sekunden usw. Jeder Versuch wurde dreimal angestellt und die Versuchsergebnisse graphisch aufgetragen (Abb. 72). Aus dieser Kurve ist ersichtlich, daß bei den kurzen Prüfzeiten die Versuchsergebnisse ganz unsicher sind; erst von der einminutlichen Steigerung ab fallen die Werte der drei Versuche zusammen.

Für diese Erscheinung gibt es eine Reihe von Erklärungen. Die Oberflächen der Prüfmaterialien sind meist mit mehr oder weniger viel Staub bedeckt. Durch die auftretenden Vorentladungen tritt sozusagen eine Reinigung der Oberfläche ein, indem die vorstehenden Staubteilchen verbrennen. Je langsamer man nun die Spannung steigert, um so gründlicher erfolgt die Reinigung, und zwar brennen zuerst die Teilchen mit den längsten Fasern ab usw.; je rascher man die Spannung steigert, um so mehr beeinflussen Zufälligkeiten die Versuchswerte. Eine andere Ursache dieser Erscheinung bildet die Feuchtigkeitsschicht auf der Oberfläche der Isoliermaterialien. Die Feuchtigkeit kann bei langsamer Steigerung vollständiger und besser verdampfen als bei rascher Steigerung. Weitere Ursachen dieser Erscheinung werden wir bei den hygroskopischen Materialien noch kennenlernen.

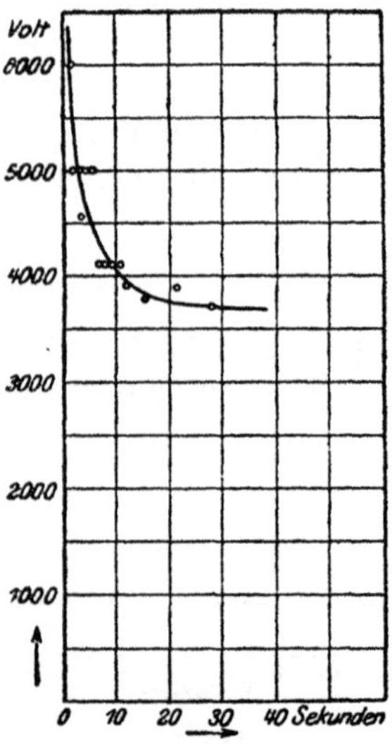


Abb. 73.

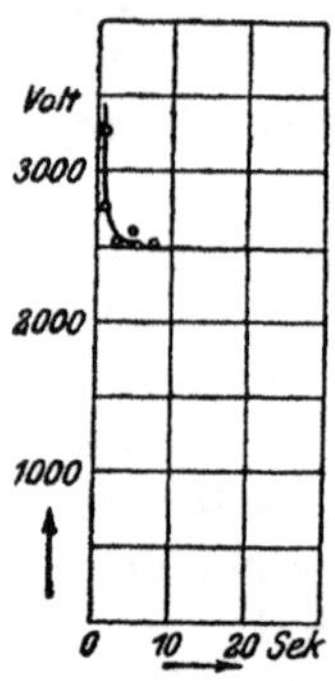


Abb. 74.

Zweitens kann man die Prüfung so vornehmen, daß man eine gewisse Spannung einstellt und die Zeit mißt, nach welcher bei dieser Spannung der Durchschlag erfolgt. Am besten trägt man die Durchschlagspannung in Abhängigkeit von der Versuchsdauer graphisch auf. In Abb. 73 und 74 sind einige auf diese Weise gewonnene Kurven wiedergegeben (Papier, Elektroden: Kugel gegen Platte). Man sieht, daß besonders die bei kurzzeitigen Versuchen gewonnenen Werte sehr unsicher sind. Diese Methode ist deshalb besonders in den Fällen sehr ungenau, wo die Kurve sehr scharf umbiegt. Außerdem haben auch hier Staubteilchen usw. einen großen Einfluß.

Die weitaus sicherste Methode der Prüfung besteht nach den Erfahrungen des Verfassers darin, die Spannung sprungweise entweder alle ein oder zwei oder drei usw. Minuten zu steigern, und zwar immer um denselben Betrag, z. B. um 200, 300 Volt.

Die beiden letztgenannten Methoden sind sehr zeitraubend und stellen große Ansprüche an die Geduld und Gewissenhaftigkeit des Beobachters. Sie sind deshalb auch weniger beliebt als die erstgenannte Methode.

Der Verfasser hat sich zur Anstellung der Versuche eine selbsttätig arbeitende Prüfeinrichtung gebaut, die in folgender Weise arbeitet. Von einem Sekundenpendel wird durch einen alle Sekunden erfolgenden Kontakt eine Nebenuhr betrieben. Auf dieser können Scheiben mit 60, 30, 20 . . . Nocken aufgesetzt werden. Diese Nocken betätigen Kontakte, so daß man jede 1., 2., 3., usw. Sekunde oder Minute einen Stromschluß erhalten kann. Dadurch wird ein Relais eingeschaltet, das ein kräftiges Klinkwerk betätigt. Mit dem Klinkwerk wird die Kurbel des Erregerregulators des Wechselstromgenerators um je einen Kontakt vorgerückt. Der Widerstand dieses Regulators ist nach der Charakteristik des Generators abgestuft, und zwar entspricht eine Stufe einer Spannungssteigerung um 10 Volt (bei 50 Perioden in der Sekunde). Der Wechselstromgenerator arbeitet auf die Niederspannung eines Einphasentransformators, dessen Übersetzungsverhältnis von 1,5 bis 32 geändert werden kann. Auf der Hochspannungsseite sind also Spannungssteigerungen zwischen 15 und 320 Volt einstellbar. Ein registrierendes Voltmeter zeichnet den Spannungsverlauf während der Prüfung auf. Durch zwei geeignet geschaltete Automaten wird beim Durchschlag die ganze Prüfeinrichtung stromlos gemacht. Signallampen zeigen an, ob die Vorrichtung unter Spannung steht oder ausgeschaltet ist. Natürlich kann man mit dieser Einrichtung auch die unter 3. genannte Prüfmethode ausführen. So wird der Prüfende von der zeitraubenden steten Beobachtung befreit.

### b) Nichthygroskopische Isoliermaterialien.

Wir haben gesehen, daß die Schwierigkeit in der Ermittlung der Durchschlagfestigkeit durch das Auftreten von Vorentladungen bedingt ist. Bei den nicht hygroskopischen Isoliermaterialien ist es relativ einfach, die Vorentladungen zu unterdrücken: man versenkt die ganze Versuchseinrichtung unter Öl. Voraussetzung ist dabei natürlich, daß die Materialien durch das Öl nicht angegriffen werden; das ist in den seltensten Fällen zu befürchten, weil ja die Isoliermaterialien meist zur Verwendung unter Öl bestimmt sind.

Dieser Vorschlag ist nicht neu; er hat sich aber nicht in ausgedehnterem Maß in die Prüfpraxis eingeführt, vermutlich deshalb, weil die Schädlichkeit der Vorentladungen nicht allgemein bekannt ist, dann aber auch, weil auch bei der Prüfung unter Öl erhebliche Unterschiede in den Versuchsergebnissen beobachtet werden.

Das ist sehr leicht erklärlich; man darf für die Versuche eben nicht jedes beliebige Öl verwenden; das Öl muß vielmehr folgende Eigenschaften aufweisen:

1. Es muß eine höhere Durchschlagfestigkeit besitzen als das zu prüfende Material, weil sonst auch unter Öl Vorentladungen auftreten, die das Material angreifen;

2. es muß die gleiche Dielektrizitätskonstante besitzen wie das zu prüfende Material, weil sonst ungleichmäßige Spannungsverteilungen unter den Elektroden auftreten, falls diese nicht satt auf dem zu prüfenden Material aufliegen. Hat man kein Öl zur Verfügung, das die gleiche Dielektrizitätskonstante besitzt, so muß man die Versuche mit verschiedenen Ölen vornehmen und die Durchschlagspannungen in Abhängigkeit von den Dielektrizitätskonstanten auftragen und den richtigen Wert interpolieren.

Verwendet man als Elektroden planparallele Platten, oder Elektroden mit bekannter Feldform, so kann man die Durchschlagfestigkeit einwandfrei ermitteln. Man wird finden, daß sich fast immer höhere Werte ergeben, als bisher ermittelt worden sind. Dieses Ergebnis ist sehr wichtig; es weist darauf hin, daß wir die Isoliermaterialien bisher nicht so ausgenützt haben, als es zulässig wäre.

Die Prüfanordnung: zwei parallele Platten mit dazwischen liegendem plattenförmigem Prüfmaterial in geeignetes Öl versenkt, dürfte nach den Erfahrungen des Verfassers die geeignetste Prüfanordnung darstellen.

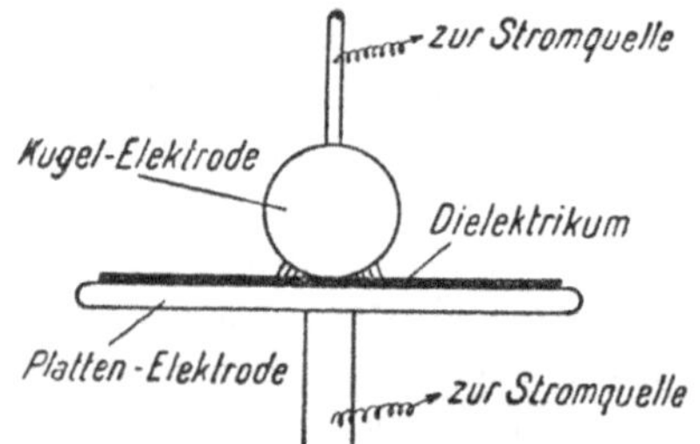


Abb. 75.

Zweckmäßigerweise verändert man bei den Prüfungen noch den Auflagedruck der Elektroden, so lange noch nicht bestimmte Drücke nach allgemeinem Übereinkommen festgelegt sind.

Auf diese Weise kann man bei vielen Isoliermaterialien die Durchschlagfestigkeit einwandfrei ermitteln.

Nach Ansicht des Verfassers sind aber die Isoliermaterialien durch die Kenntnis der Durchschlagfestigkeit allein noch nicht genügend charakterisiert; es ist vielmehr hierzu die Aufstellung einer Schar von Charakteristiken nötig, und zwar schlägt der Verfasser vor, die Vorentladungen in der Luft selbst zur Beurteilung der Isoliermaterialien heranzuziehen. Die dabei zu verwendenden Elektroden müssen folgende Bedingungen erfüllen:

Sie müssen wohl definiert sein und jederzeit leicht reproduziert werden können.

Als Elektroden, welche die geforderten Bedingungen genügend gut erfüllen, erwiesen sich unter anderen das Paar: Kugel gegen Platte. Die im folgenden beschriebene Erscheinung gestattet die Aufstellung der gewünschten Charakteristiken.

Bringt man zwischen die beiden genannten Elektroden das zu untersuchende Dielektrikum (Abb. 75) und legt man an die beiden Elektroden die Spannung der Wechselstromquelle, so bemerkt man bei ganz niedrigen Spannungen zunächst nichts Auffälliges. Wenn man jedoch die Spannung allmählich steigert, so tritt bei einer gewissen Spannung, die wir Anfangsspannung nennen wollen, ein Geräusch ein, es beginnt die Glimmentladung in dem Luftraum zwischen Kugel und Dielektrikum. Wenn man den Versuchsraum verdunkelt, kann man deutlich das bekannte violette Glimmlicht erkennen. Läßt man nun eine konstante Spannung, bei welcher Glimmentladung auftritt, eine Zeitlang wirken, und betrachtet man nach Wegnahme der Spannung die Oberfläche des Isoliermaterials, so kann man, besonders wenn die Oberfläche glänzend ist, eine kreisförmige Fläche erkennen, den Glimmkreis[1]). Die Oberfläche des Dielektrikums ist durch die Glimmentladung angegriffen worden. Man kann den Durchmesser des Glimmkreises leicht mit Hilfe eines Zirkels messen.

Setzt man die Anordnung wieder unter Spannung und wählt man die Spannung etwas höher als vorher, so kann man nach einiger Zeit wieder einen Glimmkreis erkennen, dessen Durchmesser jedoch größer ist als vorher. Setzt man dieses Verfahren fort und trägt man über den so ermittelten Glimmkreisdurchmessern die zugehörigen Spannungen graphisch auf, so erhält man eine Kurve, die wir Glimmkreiskurve nennen wollen. Abb. 76 zeigt eine solche Kurve.

Geht man mit der Beanspruchung noch weiter, so bemerkt man bei einer gewissen Spannung, daß die Entladung unter der Kugel eine andere Form annimmt. Man kann deutlich einen Sprühregen von Lichtfäden erkennen; man nennt diese Entladungsform Büschelentladung. Man kann den Eintritt der Büschelentladung auch an der Änderung des Geräusches konstatieren. Die Spannung, bei welcher diese Entladungsform einsetzt, nennt man Grenzspannung der Glimmentladung.

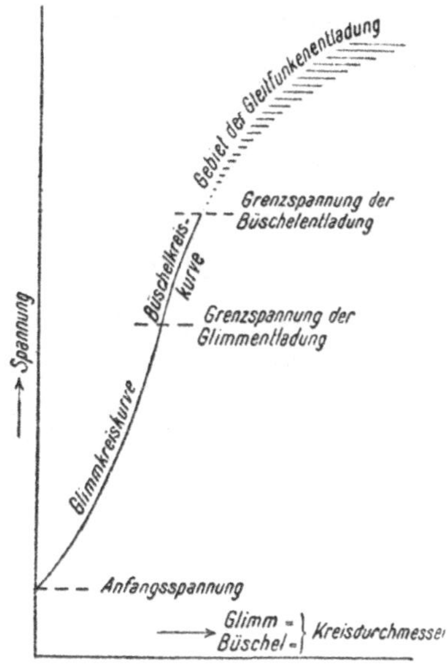

Abb. 76.

Ermittelt man nun wieder die Abhängigkeit des Büschelkreises von der Spannung, so findet man, daß der Kreisdurchmesser von der Grenzspannung der Glimmentladung an mit der Spannung rascher wächst

[1]) Durch Anhauchen der Oberfläche wird der Glimmkreis sehr deutlich sichtbar.

als vorher. In Abb. 76 ist die Büschelkreiskurve, die die Fortsetzung der Glimmkreiskurve bildet, eingezeichnet.

Steigert man die Spannung noch weiter, so kann man von einem gewissen Werte an, der Grenzspannung der Büschelentladung, beobachten, daß der auf dem Isoliermaterial sich ausbildende leuchtende Kreis größer ist, als der von der Oberfläche zur Kugel übergehende Lichtkegel. Man kann vielfach auch auf der Oberfläche kurz dauernde, sich verästelnde Funken bemerken: man nennt diese Entladungsform Gleitfunkenentladung. Von dieser Spannung ab erhält man auf der Oberfläche des Dielektrikums meist keine regelrechten Kreise mehr; immerhin aber kann man leicht konstatieren, daß die Ausdehnung der Gleitfunkenentladung auf der Oberfläche des Isoliermaterials mit zunehmender Spannung in noch stärkerem Maße anwächst als vorher die Büschelkreise. In Abb. 76 ist die Kurve im Gebiet der Gleitfunkenentladung schraffiert gezeichnet.

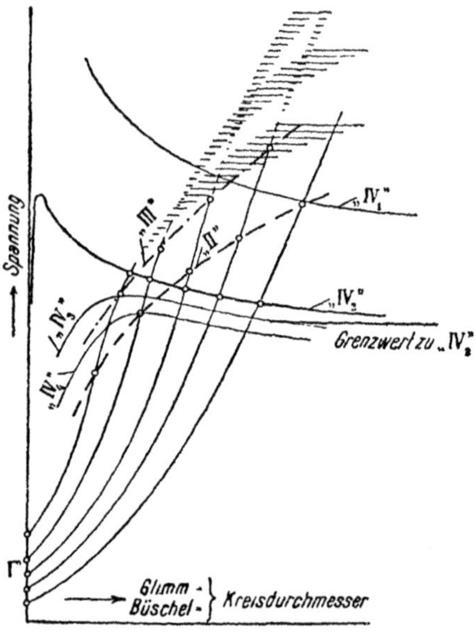


Abb. 77.

Wiederholt man nun die Versuche mit größeren und kleineren Kugeln — der Verfasser verwendet Kugeln mit 1, 2, 5, 10 und 15 cm Durchmesser — so erhält man eine ganze Schar von derartigen Kurven, wie Abb. 77 zeigt. Man sieht, daß im Gebiete der Gleitfunkenentladung die Kurven für die kleinen Kugeldurchmesser die anderen Kurven schneiden können.

Legt man nun durch die eben genannten markanten Punkte der einzelnen Kurven, also durch die Punkte der Anfangsspannung, der Glimmgrenzspannung und der Büschelgrenzspannung neue Kurven, so erhält man die gesuchten Charakteristiken, und zwar:

1. Die Charakteristik der Anfangsspannung (in der Abb. 77 mit „I" bezeichnet). Bei der gewählten Darstellung fällt diese Kurve mit der Ordinatenachse zusammen; man kann aber auch die Anfangsspannung als Funktion der Kugeldurchmesser darstellen.
2. Die Charakteristik der Glimmgrenzspannung („II").
3. Die Charakteristik der Büschelgrenzspannung („III").

Außerdem ist in der Abbildung noch eine vierte Charakteristik eingezeichnet, nämlich

4. die Charakteristik der Lichtbogenentladung (Kurve „$IV_2$") oder wie man sie auch nennt, der „Durchschlagspannung".

Wenn man nämlich bei den Versuchen mit den einzelnen Kugeln die Spannung immer weiter steigert, so stellt sich der mit Lichtbogenbildung verbundene Durchschlag des Isoliermaterials ein. Je nach der Güte des Materials kann der Durchschlag im Gebiete unterhalb der Anfangsspannung, im Gebiete der Glimmentladung, der Büschelentladung oder endlich der Gleitfunkenentladung eintreten. Es ist bekannt, daß der Durchschlag fast niemals unter dem Auflagepunkt der Kugel erfolgt, sondern gegen den Rand der Glimm- usw. Kreise [1]). Verbindet man die bei den einzelnen Kugeln erhaltenen Durchschlagspannungen miteinander so erhält man eben die Charakteristik der Lichtbogenentladung (Durchschlagspannung). Diese Charakteristik ist die wichtigste von allen.

Die in Abb. 77 eingezeichnete Kurve „$IV_2$" zeigt einen eigentümlichen aber häufig beobachteten Verlauf: die Durchschlagspannung ist um so größer, je kleiner der Kugeldurchmesser ist. Eigentlich sollte man wegen der größeren Feldstärke bei den Kugeln mit kleinen Durchmessern das Umgekehrte erwarten. Wir wissen aber, daß zum Durchbruch der Luft an gekrümmten Flächen eine um so größere Spannung nötig ist, je kleiner der Krümmungsradius ist, d. h. bei Kugeln mit kleinen Durchmessern treten die Vorentladungen erst bei höheren Spannungen auf, das Material wird also nicht so stark angegriffen.

Je größer man den Durchmesser der Kugeln wählt, um so mehr nähert sich die Durchschlagscharakteristik einer Geraden, dem „Grenzwert" der Durchschlagspannung für eine Kugel mit dem Durchmesser „unendlich" (ideelle Platte). Es empfiehlt sich, diesen Grenzwert auf analytischem oder graphischem Wege aus der Kurve zu ermitteln [2]).

Soweit nun der Verfasser aus den von ihm bis jetzt angestellten Versuchen schließen kann, kann man aus diesen Charakteristiken das Verhalten der Isoliermaterialien im elektrischen Felde besser beurteilen, als es bisher durch die Durchschlagspannung allein möglich war; denn die Formen und gegenseitige Lage der Charakteristiken sind durch die für das Verhalten der Isoliermaterialien wichtigen Eigenschaften bedingt.

Nehmen wir an, es liegen von verschiedenen Isoliermaterialien beliebiger Beschaffenheit aber gleicher Dicke die Charakteristiken vor, die beim gleichen Zustand der Atmosphäre aufgenommen wurden. Vergleichen wir diese Charakteristiken miteinander, so werden wir Unterschiede finden.

---

[1]) Die Erklärung hierfür ist sehr einfach: durch die Vorentladungen wird das Material so stark angegriffen, daß der Durchschlag in dem von den Vorentladungen betroffenen Gebiet erfolgt.

[2]) Man stellt für diesen Zweck die Durchschlagspannung besser als Funktion der Kugeldurchmesser dar.

1. In der Anfangsspannung; Ursache: die Dielektrizitätskonstanten. Je größer die Dielektrizitätskonstante eines Materials ist, um so kleiner ist die Feldstärke im Dielektrikum und um so größer die Feldsärke in der Luft. Die Entladungen in der Luft treten bei relativ niedrigen Spannungen ein. So wurden beispielsweise bei imprägnierter Seide und imprägniertem Papier von 0,2 mm Dicke Anfangsspannungen von 200 bis 600 Volt beobachtet (relative Feuchtigkeit ca. 40%, Barometerstand ca. 750 mm, Temperatur 16° C).

Sehr merkwürdig ist die Erscheinung, daß sich bei sehr hohen Feuchtigkeiten überhaupt keine Glimm- usw. Kreise bilden; die Durchschlagspannungen liegen deshalb bei hoher Feuchtigkeit viel höher als bei geringer. Die Erklärung hierfür ist sehr einfach: auf der Oberfläche bildet sich eine leitende Feuchtigkeitsschicht, wir haben im Dielektrikum fast ein ideales homogenes Feld.

2. In den Glimmkreiskurven; Ursache: wie unter 1. Je größer die Dielektrizitätskonstante eines Materials ist, um so größer sind die Durchmesser der Glimmkreise.

3. In der Glimmgrenzspannung und in den Büschelkreiskurven; Ursache: wahrscheinlich wie unter 1. Vielleicht hat auch die Oberflächenbeschaffenheit Einfluß. Diese Erscheinungen sind noch nicht genügend erforscht.

4. In der Grenzspannung der Büschelentladung; Ursache: die sogenannte Oberflächenisolation. Je besser diese ist, um so später tritt Gleitfunkenbildung ein. Einen großen Einfluß hat auch die Oberflächenbeschaffenheit, ob rauh oder glatt.

5. In der Durchschlagsspannung; Ursachen:

a) Leitfähigkeit des Materials. Materialien mit geringem Isolationswiderstand (auch hygroskopische Stoffe) schlagen, soweit bis jetzt beobachtet wurde, bei Spannungen unterhalb der Anfangsspannungen durch, und zwar ist die Durchschlagspannung fast unabhängig vom Kugeldurchmesser.

b) Wärmebeständigkeit des Materials. Je wärmebeständiger ein Material ist, um so weniger wird es durch die Entladungsvorgänge angegriffen. Das zeigt sich besonders im Gebiete der Büschel- und Gleitfunkenentladung. Bei nicht wärmebeständigen Materialien folgt die Durchschlagcharakteristik im Gebiete der Gleitfunkenentladung der Grenzspannung der Büschelentladung, wie Kurve $IV_4$ zeigt; im Gebiete der Büschelentladung der Grenzspannung der Glimmentladung ($IV_3$). Dies merkt man bei den Versuchen sofort sehr deutlich daran, daß die Durchschlagspannung bei kleinen Kugeln nicht mehr größer ist als die bei größeren Kugeln, sondern unter Umständen sogar kleiner, eine Erscheinung, die früher wohl nicht beachtet oder erklärt wurde. Bei wärmebeständigen Materialien dagegen wächst die Durchschlagspannung mit abnehmenden Kugeldurchmessern immer weiter an, um erst bei Verwendung von Spitzen mit sehr kleinem Öffnungswinkel umzubiegen und der Charakteristik der Büschelgrenzspannung zu folgen ($IV_2$). Wie Kurve $IV_1$ zeigt, kann auch im Gebiete der Gleitfunkenentladung die Erscheinung auftreten, daß die Durchschlagspannung mit abnehmendem Kugeldurchmesser zuerst steigt und dann fällt. Dieser Fall hat jedoch mit der Wärmebeständigkeit nichts zu tun, sondern hängt von der Oberflächenleitfähigkeit ab.

c) Wärmekapazität, Wärmeleitfähigkeit, Wärmeabgabefähigkeit. In Verbindung mit dem unter b) genannten Punkt machen sich diese Eigenschaften hauptsächlich bei Änderung der Dauer der Beanspruchung bemerkbar. Diesem Punkt wird bei der Ermittlung der Durchschlagspannung meist viel zu wenig Beachtung geschenkt.

d) Festigkeit gegen Vorentladungen. Materialien mit hoher Durchschlagfestigkeit schlagen im Gebiet der Gleitfunkenentladung durch. Je unempfindlicher ein Material außerdem noch gegen Vorentladungen ist, um so geringer ist der Einfluß der Elektrodenform auf die Durchschlagspannung; die Lichtbogencharakteristik (Durchschlagspannung abhängig vom Kugeldurchmesser) wird also fast geradlinig und parallel zur Abszissenachse verlaufen.

Sehr wichtig ist es, bei solchen Materialien die Versuchsdauer in weiten Grenzen zu verändern. Es zeigt sich dann häufig, daß Materialien, die bei kurzer Prüfung sich als unempfindlich gegen Vorentladungen erwiesen haben, bei langer Versuchsdauer wieder eine mehr gekrümmte Durchschlagkurve aufweisen.

Interessant ist es, Glimmer und die daraus bereiteten Materialien nach dieser Hinsicht zu prüfen. Es zeigt sich, daß diese Materialien auch bei langer Beanspruchung gegen Vorentladungen recht unempfindlich sind. Daraus erklärt es sich auch, daß, wie bereits erwähnt wurde, Spulenhülsen usw. gegen Glimmentladungen infolge schädlicher Luftschichten so unempfindlich sind bzw. daß nicht häufiger Durchschläge beobachtet werden.

Damit haben wir einige wesentliche Punkte, die für die Formen und die gegenseitige Lage der Charakteristiken maßgebend sind, kennengelernt. Um hier noch weiter einzudringen, sind noch zahlreiche Versuche nötig.

Vielleicht gelingt es, die Charakteristiken als Funktion des Stromes darzustellen; man könnte dann die Kurven auch aufnehmen, wenn die Versuchsanordnung in Öl versenkt wird. Benutzt man Öle mit verschiedenen Dielektrizitätskonstanten, so kann man vielleicht durch Vergleich der verschiedenen Charakteristiken wichtige Schlüsse ziehen.

Im Anschluß hieran soll noch die Ermittlung der Durchschlagfestigkeit abhängig von der Schichtdicke eines Materials besprochen werden.

Es sei gleich von vornherein darauf hingewiesen, daß es nicht angeht, die Schichtdicke dadurch zu ändern, daß man mehrere Materialplatten aufeinander legt. Man erhält auf diese Weise gänzlich unbrauchbare Werte; denn wegen der sich zwischen den einzelnen Platten befindlichen Luftschichten treten zwischen den Schichten Vorentladungen auf, die die Durchschlagfestigkeit wesentlich herabsetzen. Die Abhängigkeit der Durchschlagspannung von der Schichtdicke kann vielmehr nur dadurch ermittelt werden, daß man verschieden dicke Platten aus dem gleichen Material prüft.

Alle Autoren sind zu dem Resultat gelangt, daß die Durchschlagspannung nicht linear mit der Schichtdicke wächst, d. h. die Durchschlagfestigkeit eines Materials nimmt mit der Schichtdicke ab. Bezeichnet man die Schichtdicke mit $d$, so besteht zwischen der Durchschlagspannung $P_d$ und der Schichtdicke $d$ die Beziehung

nach Steinmetz: $d = a \cdot P_d + b P_d^2$;

nach Baur: $P_d = c \cdot d^{\frac{2}{3}}$;

nach Kinzbrunner: $P_d = f \sqrt{d}$;

dabei sind $a$, $b$, $c$, $f$ Konstante. Andere Autoren geben die Abhängigkeit in Form von Kurven an, die ähnlichen Gesetzen folgen. Als Erklärung für diese Erscheinung wird angegeben, daß die Materialien bei größerer Schichtdicke nicht so homogen hergestellt werden können wie bei kleiner Schichtdicke[1]).

Der Verfasser hat im Gegensatz hierzu gefunden

$$P_d = \mathfrak{E}_b \cdot d$$

d. h. die Durchschlagspannung wächst proportional mit der Schichtdicke an; daraus folgt

$$\mathfrak{E}_b = \frac{P_d}{d} = \text{konst.}$$

**Die Durchschlagfestigkeit ist also unabhängig von der Schichtdicke, sie ist konstant.**

Diese Beziehung gilt natürlich nur für homogene Materialien. Sie kann umgekehrt ein Kriterium bilden für die Homogenität der Materialien: Alle Materialien, bei welchen diese Beziehung nicht zutrifft, sind inhomogen und als Isoliermaterial schlechter zu bewerten.

Wären Materialien mit großer Schichtdicke weniger homogen, so müßte sich dies auch dadurch zeigen, daß die Versuchsergebnisse bei dicken Platten stark voneinander abweichen. Das ist aber nicht der Fall.

---

[1]) Danach müßte also die Durchschlagspannung proportional mit der Schichtdicke wachsen, wenn diese durch Aufeinanderlegen dünner Proben verändert wird. Wie oben erwähnt wurde, trifft dies nicht zu (Luftschichten). Merkwürdigerweise findet man nirgends eine Erklärung für diese paradoxe Erscheinung.

Der Verfasser hat die Gültigkeit dieses Gesetzes vielfach für solche Materialien bestätigt gefunden, für welche andere Autoren die oben genannten Gesetze als gültig bezeichnet haben.

Diese Differenz in den Versuchsergebnissen ist lediglich durch die Vorentladungen bedingt; werden diese unterdrückt, dann folgen die Isoliermaterialien dem von Verfasser gefundenen Gesetz. Die oben angegebenen Erfahrungsgleichungen charakterisieren also nicht das Isoliermaterial, sondern lediglich die verwendeten Elektroden.

Die Richtigkeit des vom Verfasser angegebenen Gesetzes kann man experimentell leicht beweisen, man braucht nur die Isoliermaterialien unter Öl, das die vorher angegebenen Eigenschaften besitzt, zu prüfen. Zweckmäßigerweise nimmt man die Prüfung in einem Glasgefäß vor, um die Elektroden und ihre Umgebung stets kontrollieren zu können.

Es läßt sich aber auch durch eine Reihe anderer Versuche beweisen, daß die von den oben genannten Autoren gefundenen Abhängigkeiten auf Vorentladungen zurückzuführen sind.

Man nimmt z. B. die Durchschlagspannung abhängig von der Schichtdicke auf mit den Elektroden: Kugel gegen Platte, und zwar mehrere Versuchsreihen mit zunehmendem Kugeldurchmesser. Man sieht daraus, je kleiner der Kugeldurchmesser ist, d. h. je geringer die Vorentladungen sind, um so mehr nähert sich die Kurve einer Geraden.

Auch aus dem Verlauf und der gegenseitigen Lage der oben besprochenen charakteristischen Kurven der Anfangsspannung, Glimmgrenzspannung usw. erkennt man den ungünstigen Einfluß der Vorentladungen auf die Höhe der Durchschlagspannung.

Das ist, wie man leicht einsieht, ein sehr wichtiges Ergebnis für die Isoliertechnik, und zwar sowohl für den Fabrikanten als auch für den Konstrukteur. Es sei nochmals kurz zusammengefaßt: Die einwandfreie Prüfung der Isoliermaterialien ergibt eine höhere Durchschlagfestigkeit als die bisher üblichen Methoden und bestätigt das Gesetz der konstanten Durchschlagfestigkeit bei verschiedenen Schichtdicken. Die Anwendung dieser Ergebnisse führt zu einer erheblichen Materialersparnis.

### c) Hygroskopische Isoliermaterialien.

Die für nicht hygroskopische Isoliermaterialien angeführten Prüfungsmethoden versagen vollständig bei den hygroskopischen. Die Prüfung solcher Materialien unter Öl verbietet sich von selbst; die Materialien würden sich voll Öl saugen und dadurch würde die Durchschlagspannung wesentlich beeinflußt.

Die Aufnahme der charakteristischen Kurven ist ebenfalls unmöglich; denn das Isoliermaterial nimmt wegen seiner hygroskopischen Eigenschaft die Feuchtigkeit der Atmosphäre an und bedeckt sich auf seiner Oberfläche mit einer gut leitenden Schicht, die Oberfläche verhält sich also ungefähr so, als wenn sie mit einer dünnen Metallschicht belegt wäre, d. h. sie bildet eine Niveaufläche. Infolge dessen kann sich zwischen der Kugel und dem Dielektrikum kein Feld ausbilden, es können also keine Vorentladungen auftreten.

Die Untersuchung nichtimprägnierter Papiere und Gewebe gestaltet sich aus diesen Gründen sehr schwierig, und es erscheint schlechterdings unmöglich, das Verhalten solcher Materialien im elektrischen Feld durch eine einzige Zahl, die Durchschlagfestigkeit, zu charakterisieren. Aber auch hier bleibt die Tatsache bestehen, daß der Durchschlag bei festgehaltenen Versuchsbedingungen äußerst präzise einsetzt.

Wir werden uns im folgenden im wesentlichen darauf beschränken, zu untersuchen, welchen Einfluß die Feuchtigkeit auf die Durchschlagfestigkeit hat und wie man danach die Versuchsbedingungen zu wählen hat, und zwar sollen die Untersuchungen an Hand der vom Verfasser veröffentlichten Versuche[1]) erfolgen.

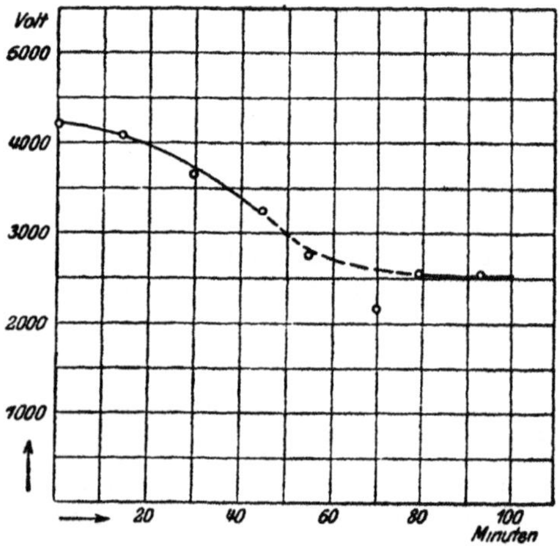

Abb. 78.

**Allgemeines über den Einfluß der Feuchtigkeit.** Es kann als bekannt gelten, daß die Durchschlagspannung bei hygroskopischen Isoliermaterialien um so niedriger wird, je höher die Feuchtigkeit ist. Die Leitfähigkeit nimmt mit zunehmender Feuchtigkeit zu und damit auch die Stromwärme, die schließlich zur Zerstörung des Materials führt.

Es wurde zunächst untersucht, wie sich die Durchschlagspannung während des Übergangszustandes ändert, wenn Papier aus einem Raum I mit niedriger Feuchtigkeit plötzlich (zur Zeit $t = 0$) in einen Raum II mit hoher Feuchtigkeit gebracht wird. Für diesen Versuch wurde Preßspan von 0,45 mm Dicke gewählt. Die Feuchtigkeit im Raume I betrug 53%, die im Raume II dagegen 90%. Als Elektroden wurden gewählt: Kugel von 15 cm Durchmesser gegen Platte von 20 cm Durchmesser. Die Durchschlagspannung wurde in der Weise ermittelt, daß die Spannung an den Elektroden alle Minute sprungweise um 200 Volt gesteigert wurde. Trägt man die Durchschlagspannungen abhängig von der Zeit, in welcher sie erfolgten, auf, so erhält man eine Kurve, wie Abb. 78

[1]) Archiv f. Elektrotechnik 1915, Bd. III, Heft 10 u. 11.

zeigt. Man sieht, daß es längere Zeit dauert, bis das Papier die Feuchtigkeit des Raumes annimmt. Die Durchschlagspannung sinkt anfangs langsam, später rascher und zum Schlusse wieder langsamer auf den Endwert. Der Endzustand wurde nach etwa $1^1/_2$ Stunden erreicht. Merkwürdigerweise fallen häufig 1 oder 2 Punkte kurz vor Eintritt des Endzustandes wesentlich tiefer als der Endwert.

Dieser Versuch lehrt, daß man das Papier vor der Prüfung längere Zeit unter der Feuchtigkeit aufbewahren muß, bei welcher die Prüfung erfolgen soll. Da es bei Papieren mit einer Dicke von mehreren Millimetern viele Stunden dauert, bis alle Schichten die Feuchtigkeit der Umgebung angenommen haben, empfiehlt es sich, das Papier mindestens 48 Stunden unter der Einwirkung der Feuchtigkeit, die bei der Prüfung herrschen soll, zu lassen. Diese Forderung hat auch Kinzbrunner aufgestellt (E. u. M., Wien 1915, S. 540), sie wird aber vielfach nicht eingehalten. Es sei ausdrücklich betont, daß es nicht genügt, das Papier etwa offen im Versuchszimmer aufzubewahren; denn wie man leicht beobachten kann, ändert sich die Feuchtigkeit in einem Zimmer während des Tages manchmal rasch um große Beträge, z. B. wenn die Sonnenstrahlen ins Zimmer treffen, oder wenn die Heizung an- oder abgestellt wird usw. Das Papier muß vielmehr in einem Kasten aufbewahrt werden, in dem die gewünschte Feuchtigkeit und Temperatur herrscht. Sehr gut eignet sich hierfür ein großes Glasgefäß, etwa ein Akkumulatorengefäß, das oben mit einem Glasdeckel abgeschlossen werden kann. Den Deckel kann man mit Fett abdichten. Es ist zweckmäßig, die Papierplatten an einem geeigneten Galgen aufzuhängen. Außerdem bringt man in das Gefäß noch ein Hygrometer und ein Thermometer. Zur Regulierung der Feuchtigkeit verwendet man am besten Schwefelsäure, die man nach Bedarf durch ein in den Glasdeckel eingekittetes Glasrohr mit Hahn in ein auf dem Boden des Glasgefäßes stehendes Schälchen träufeln läßt. Die Schwefelsäure zieht das Wasser an, und man erhält so im Gefäß eine trockenere Luft als außen herrscht. Soll die Luft im Gefäß feuchter sein als die Außenluft, so läßt man durch ein anderes Glasrohr Wasser in das Gefäß träufeln, und zwar empfiehlt es sich, das Wasser auf ein Löschblatt tropfen zu lassen, um es möglichst fein auf eine große Oberfläche zu verteilen. Die Temperatur bringt man am besten mit Hilfe von Glühlampen oder Heizwiderständen auf den gewünschten Betrag. Es ist zweckmäßig, das Glasgefäß in einen großen Schrank zu stellen, um in der Umgebung des Glasgefäßes möglichst gleichmäßige atmosphärische Verhältnisse zu haben. Wie die Erfahrung gezeigt hat, kann man in einem solchen Gefäß die atmosphärischen Verhältnisse wochenlang konstant halten.

Der oben mitgeteilte Versuch lehrt ferner, daß man auch während des Durchschlagversuches selbst die Feuchtigkeit peinlich konstant halten muß, falls der Versuch länger als einige Minuten dauert. Von diesem

Gesichtspunkt aus betrachtet, wäre es also empfehlenswert, den Durchschlagversuch möglichst rasch auszuführen. Wie wir jedoch noch sehen werden, ist es aus anderen Gründen zweckmäßig, den Versuch auf eine Dauer von 15 bis 20 Minuten auszudehnen, so daß man doch gezwungen ist, die Feuchtigkeit während des Versuches konstant zu halten. Es empfiehlt sich deshalb, die Versuche in einem nicht zu kleinen Kasten auszuführen; die Feuchtigkeit hält man darin am besten mit einem Zerstäuber und die Temperatur mit Hilfe von Heizwiderständen konstant. Von Zeit zu Zeit muß der Kasten gelüftet werden, um das sich bildende Ozon herauszuschaffen.

Eine zweite sehr wichtige Kurve zeigt Abb. 79. Sie stellt die Abhängigkeit der Durchschlagspannung eines Preßspanes von 0,46 mm Dicke von der Feuchtigkeit dar, und zwar wurde der Preßspan vor jedem Versuch jeweils 24 Stunden der Feuchtigkeit ausgesetzt, bei welcher nachher die Prüfung erfolgte. Der Preßspan war bei diesen Versuchen also im Gegensatz zu den vorher erwähnten Versuchen im „Gleichgewicht“. Die Kurve gilt für die Elektroden, Platte gegen Platte. Die Spannung wurde bei den Versuchen alle Minuten um ca. 200 Volt gesteigert. Man sieht, daß die Durchschlagspannung bei niedriger Feuchtigkeit zuerst allmählich, bei 40 bis 60% jedoch rapid mit zunehmender Feuchtigkeit abnimmt und schließlich wieder allmählich einem Endwert zustrebt. Die Durchschlagspannung durchläuft dabei alle Werte von 5700 bis 1800 Volt, also einen sehr großen Bereich. Diese Kurve erklärt manche Unstimmigkeiten in den Versuchsresultaten, wenn die Versuche nicht unter sorgfältiger Beachtung aller möglichen Einflüsse durchgeführt werden; es ist nämlich zu bedenken, daß die in den Räumen meistens herrschende Feuchtigkeit sehr häufig zwischen 40 und 70% schwankt, und in diesem Bereich sind manche Papiere am empfindlichsten gegen Feuchtigkeitsschwankungen. Man erkennt auch, wie wertlos Angaben von Durchschlagfestigkeiten ohne gleichzeitige Nennung der Feuchtigkeit sind.

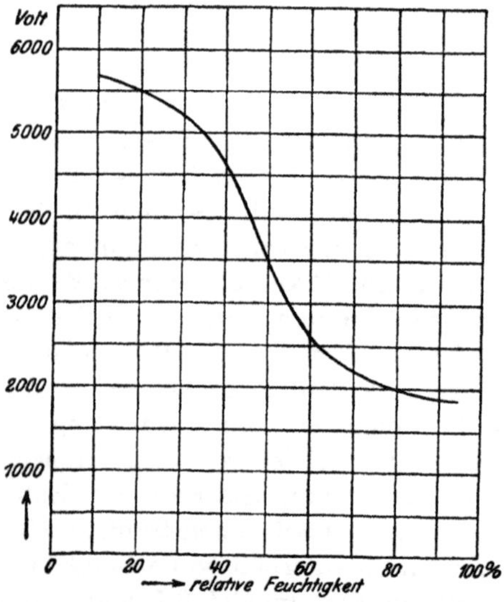

Abb. 79.

Daß die Durchschlagspannung zuerst langsam abnimmt, mag darin seinen Grund haben, daß bei niedriger Feuchtigkeit die elektrische Leitfähigkeit noch gering ist; es ist aber auch möglich, daß das Papier durch die bei der elektrischen Beanspruchung auftretende Wärme etwas getrocknet wird, wodurch der Einfluß der Feuchtigkeit nicht voll zur Geltung kommt.

Bei etwa 40% Feuchtigkeit sinkt die Durchschlagspannung sehr rasch, fast umgekehrt proportional mit zunehmender Feuchtigkeit; das läßt darauf schließen, daß sich das Papier proportional der Feuchtigkeit ansaugt. Von etwa 60% an nimmt die Durchschlagspannung wieder langsamer ab, es scheint eine gewisse Sättigung des Papiers mit Wasser eingetreten zu sein.

Bei einem dickeren Papier hat der Versuch ergeben, daß die Durchschlagspannung bei trockenem Papier mit zunehmender Feuchtigkeit zuerst zunimmt, ein Maximum erreicht und dann erst abnimmt. Um den Verlauf solcher Kurven zu verstehen, müssen wir auf den Einfluß der Vorentladungen näher eingehen. Es liegt die Vermutung nahe, daß sich das Papier bei sehr geringer Feuchtigkeit wie ein nicht hygroskopisches Material verhält. Wenn das zutrifft, muß man bei der Prüfung die gleichen Entladungsvorgänge wahrnehmen können, wie sie bei den nicht hygroskopischen Materialien geschildert wurden. Tatsächlich kann man bei sehr trockenen Papieren auf der Oberfläche ganz scharfe Glimm- und Büschelkreise erkennen, die allerdings meist sehr rasch wieder verschwinden, wenn man das Papier aus dem Versuchskasten herausnimmt. Durch diese Vorentladungen wird zunächst die Oberfläche des Papiers angegriffen, dann aber auch die darunterliegenden Schichten, und so ein frühzeitiger Durchschlag eingeleitet. Man findet in solchen Fällen meist, daß der Durchschlag nicht unter dem Auflagepunkt der Elektrode erfolgt, wo doch die Beanspruchung in Volt pro Zentimeter Dicke am größten ist, sondern in einiger Entfernung davon innerhalb der Vorentladungskreise. Je größer die Feuchtigkeit wird, um so größer wird der Einfluß der auf der Oberfläche sich bildenden Feuchtigkeitsschicht, die Glimmkreise und Büschelkreise werden immer schwächer und verschwommener, der Durchschlag rückt immer mehr unter den Auflagepunkt der Kugel. Da jetzt die Oberfläche nicht mehr angegriffen wird, wird die Durchschlagspannung höher, das Papier also scheinbar besser; die Durchschlagspannung erreicht bei einer gewissen Feuchtigkeit ein Maximum. Von da ab überwiegt der Einfluß der Feuchtigkeit, die Durchschlagspannung nimmt wieder ab.

**Einfluß der Verlustwärme.** Wie bereits erwähnt wurde, liegt die Vermutung nahe, daß das Papier während des Versuches durch die Verlustwärme getrocknet wird, daß also mit dem Papier während des Versuches eine Veränderung vor sich geht. Ist das der Fall, so ist anzunehmen, daß die Trocknung um so wirksamer ist, je größer die entwickelte Wärmemenge ist, d. h. je länger unter sonst gleichen Umständen der Versuch ausgedehnt wird. Zur Prüfung dieser Frage wurde eine große Anzahl von Versuchen angestellt. Wie nicht anders zu erwarten ist, verhalten sich die verschiedenen Papiersorten ganz verschieden, besonders scheint die Dicke des Papiers von großem Einfluß zu sein. Von diesen Versuchen seien hier nur drei mitgeteilt, die den Einfluß der Trocknung am deutlichsten erkennen lassen.

Die Versuche wurden in folgender Weise angestellt. Bei allen Versuchen wurde die Spannung jede Minute um ca. 200 Volt gesteigert. Um die Versuchsdauer zu variieren, wurde einmal die Spannung von Null Volt an gesteigert, ein andermal von 500 Volt oder von 1000 Volt an usw. Je tiefer also der Anfangswert liegt, von welchem ab die Spannung alle Minuten gesteigert wurde, um so länger ist die Dauer der Beanspruchung. Die Anfangswerte der Spannung, von welchen an die Steigerung erfolgte, sind als Abszissen und die zugehörigen Durchschlagspannungen als Ordinaten aufgetragen (Abb. 80). Als Elektroden wurden verwendet: Kugel mit 15 cm Durchmesser gegen Platte.

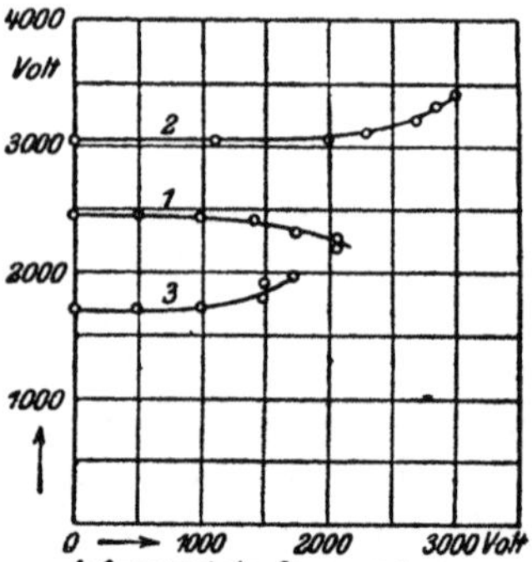

Abb. 80.

Diese drei Kurven lehren folgendes:

1. Die Durchschlagspannung wird um so größer, je länger der Durchschlagversuch dauert (Kurve 1; Preßspan 0,2 mm dick; Feuchtigkeit 60%); Ursache: durch die bei der Prüfung auftretende Wärme wird das Papier getrocknet, und zwar um so mehr, je länger die Prüfung dauert; dadurch wird die Durchschlagspannung höher.
2. Die Durchschlagspannung wird um so niedriger, je länger die Prüfung dauert (Kurve 2; Preßspan 0,35 mm dick; Feuchtigkeit 65%); Ursache: durch die bei der Prüfung auftretende Wärme wird das Papier getrocknet; infolgedessen treten Vorentladungen auf, die das Papier zerstören.
3. Die Durchschlagspannung wird um so niedriger, je länger die Prüfung dauert (Kurve 3; Preßspan 0,2 mm dick; Feuchtigkeit 85%); Ursache: da das Papier ganz naß war, konnte eine wirksame Trocknung nicht eintreten; dagegen waren die Jouleschen Verluste infolge der großen Leitfähigkeit so groß, daß das Papier zerstört wurde.

Je nach der Dicke und Feuchtigkeit des Papieres kann also durch die bei der Prüfung eintretende Trocknung die Durchschlagspannung bei zunehmender Prüfdauer verbessert oder verschlechtert werden. Bei dickeren Papieren kann zu den eben genannten Erscheinungen noch eine weitere hinzukommen. Während nämlich bei dünnen Papieren die Wahrscheinlichkeit vorhanden ist, daß das Papier während der Prüfung durch alle Schichten gleichmäßig durchtrocknet, kann man bei dickeren Papieren nicht mehr mit einer gleichmäßigen Durchtrocknung rechnen. Es werden vielmehr im Innern mehr oder weniger feuchte Schichten bestehen bleiben. Das hat zur Folge, daß sich die Spannung im Papier nicht mehr gleichmäßig auf alle Schichten verteilt, einige Schichten werden also mehr beansprucht als andere, der Durchbruch wird infolgedessen bei einer niedrigeren Spannung eintreten, als wenn das Papier durch und durch die gleiche Feuchtigkeit hätte. Diese Erscheinung kann auch bei dünnen Papieren und kurzer Prüfdauer eintreten. Verlängert man bei dicken Papieren die Prüfdauer, um eine gleichmäßige Trocknung zu erreichen, so wird mit Sicherheit die unter 2. genannte Erscheinung auftreten.

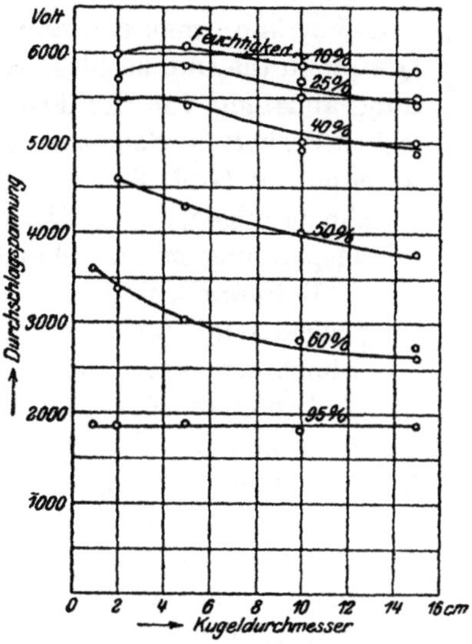


Abb. 81.

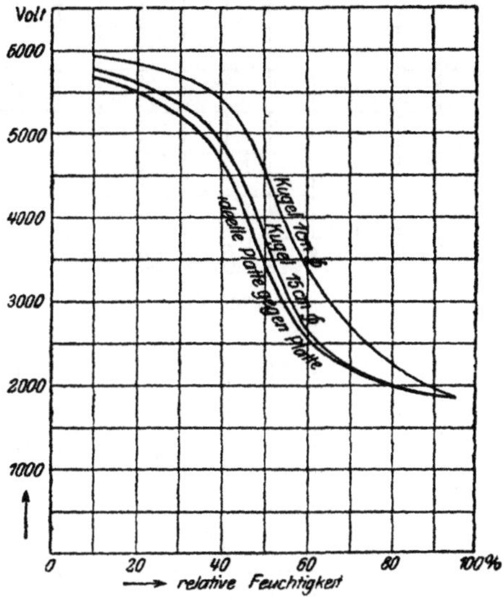


Abb. 82.

In Abb. 81 ist eine Kurvenschar dargestellt, welche die Abhängigkeit der Durchschlagspannung vom Kugeldurchmesser bei verschiedenen Feuchtigkeiten zeigt (Preßspan 0,46 mm Dicke). Die Kurve, die für eine Feuchtigkeit von 95% gilt, ist annähernd eine Gerade, d. h. bei sehr hoher Feuchtigkeit ist die Durchschlagspannung unabhängig vom Kugeldurchmesser. Die Erklärung für diese Erscheinung wurde bereits gegeben: Die Oberfläche ist so gut leitend wie etwa eine Stanniolbelegung; es ist dann gleichgültig, ob man die Spannung mit einer Kugel von großem oder kleinem Krümmungsradius der leitenden Oberfläche zuführt.

Bei geringerer Feuchtigkeit nimmt die Durchschlagspannung dagegen stark mit abnehmendem Krümmungsradius zu; diese Erscheinung ist seit langem bekannt. Bei sehr trockenem Papier verflachen sich die

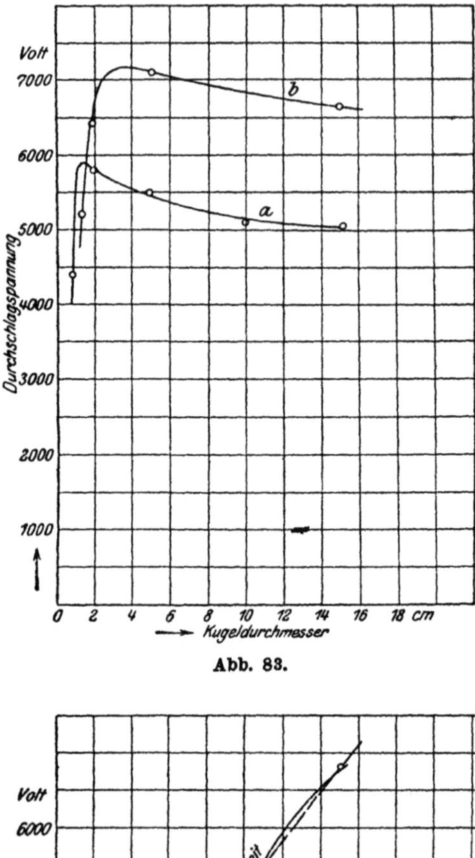


Abb. 83.

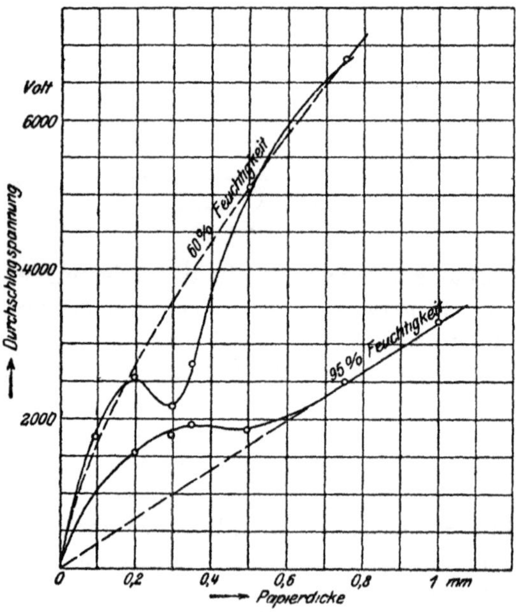


Abb. 84.

Kurven wieder mehr und mehr. Zugleich tritt eine neue Erscheinung auf: Die Durchschlagspannung nimmt mit kleiner werdendem Krümmungsradius ab. Es wurde bereits erwähnt, daß hier das Auftreten von kräftigen Vorentladungen die Durchschlagspannung herabsetzt. Über die dabei auftretenden Formen der Kurve für die Durchschlagspannungen sind wir bereits unterrichtet. Aus dieser Kurvenschar kann man eine andere gewinnen: die Durchschlagspannung abhängig von der Feuchtigkeit bei verschiedenem Kugeldurchmesser (Abb. 82).

Um zu zeigen, daß die Durchschlagspannung mit zunehmendem Krümmungsradius der Kugelelektrode noch stärker abnehmen kann, sind in Abb. 83 zwei Kurven *a* und *b* mitgeteilt. Kurve *a* gilt für einen Preßspan von 0,5 mm Dicke und eine Feuchtigkeit von 70%, Kurve *b* für einen Preßspan von 0,75 mm Dicke und eine Feuchtigkeit von 60%. Die Spannung wurde wieder alle Minute um 200 Volt gesteigert; der Auflagedruck der Kugel war wie bei allen Versuchen 1 kg.

Nachdem nun eine Reihe von Einflüssen auf die Durchschlagspannung besprochen ist, sind auch folgende zwei Kurven verständlich, welche die Abhängigkeit der Durchschlagspannung von der Papierdicke darstellen (Abb. 84). Für diese Versuche wurden Platten gleichartigen Preßspanes benutzt mit Dicken von 0,1, 0,2, 0,3, 0,35, 0,5, 0,75, 1,0 mm. Die gezeichneten Kurven gelten für die Elektroden: Kugel 15 cm Durchmesser gegen Platte und gleiche Gesamtprüfdauer von 15 Minuten bei einminutlicher Spannungssteigerung. Die untere Kurve wurde bei einer Feuchtigkeit von 95%, die obere bei einer Feuchtigkeit von 60% aufgenommen.

Der Verlauf dieser beiden Kurven ist sehr interessant; man sieht auf den ersten Blick, daß zur Erklärung des eigentümlichen Verlaufes dieser Kurven die Annahme nicht mehr ausreicht, mit zunehmender Dicke werde das Papier inhomogener, die Durchschlagfestigkeit also geringer. Dabei ist die Form der Kurven nicht etwa eine mehr oder weniger zufällige, sie war die gleiche bei Verwendung von Kugeln mit 10, 5, 2 und 1 cm Durchmesser. Wir sehen, daß die Durchschlagspannung bei großer Feuchtigkeit p r o p o r t i o n a l m i t d e r P a p i e r d i c k e zunehmen würde, wenn nicht bei dünnen Papieren der Einfluß der Trocknung während des Versuches sich geltend machen und die Durchschlagspannung verbessern würde. Daß sich gerade bei dünnen Papieren die Trocknung am meisten geltend macht, ist leicht erklärlich und wurde bereits oben erwähnt. Es ist sehr interessant zu sehen, wie der Einfluß der Trocknung von einer Papierdicke von 0,3 mm an immer mehr zurücktritt, so daß die Papiere zwischen 0,3 bis 0,5 mm Dicke annähernd die gleiche Durchschlagspannung aufweisen.

Die Kurve für 60% Feuchtigkeit hat eine sehr scharfe Einsattelung. Etwa von 0,2 mm Papierdicke sinkt die Durchschlagfestigkeit plötzlich sehr stark mit zunehmender Papierdicke, steigt aber dann bei 0,35 mm Dicke wieder stark an. Hier macht sich wahrscheinlich der Einfluß der Vorentladungen bemerkbar, durch die, wie wir gesehen haben, das Papier sehr stark geschwächt wird. Man sieht, daß bei dieser Prüfdauer das Papier von 0,3 mm Dicke schlechter erscheint als das von 0,2 mm Dicke. Die Durchschlagspannung steigt bei Papieren mit einer Dicke von mehr als 0,35 mm wieder stark an; das mag seinen Grund darin haben, daß bei der gewählten Prüfdauer die von der Oberfläche aus durch die Vorentladungen zerstörte Schichtdicke klein bleibt gegenüber der ganzen Papierdicke.

Durch die Kurve für 60% Feuchtigkeit ist eine gestrichelte Kurve gelegt mit einer Form, wie die Durchschlagspannung abhängig von der Papierdicke meist dargestellt ist. Die Kurve für 95% Feuchtigkeit scheint sich einer Geraden zu nähern. —

Für die Praxis ist es nicht von besonderer Wichtigkeit, daß die Ermittlung der elektrischen Festigkeit bei hygroskopischen Materialien nicht eindeutig erfolgen kann; denn in der Hochspannungstechnik haben nur die nichthygroskopischen Materialien Bedeutung erlangt.

## B. Prüfung der elektrischen Festigkeit von fertigen Konstruktionen.

Die genaue Kenntnis der elektrischen Festigkeit von Isoliermaterialien schließt nicht aus, daß man auch fertige Konstruktionen einer Hochspannungsprüfung zu unterwerfen hat. Denn es ist der Fall möglich, daß sich bei der Fabrikation Fehler einschleichen (schädliche Luftschichten); ferner ist die Berechnung auf elektrische Festigkeit vielfach nur in Form von näherungsweisen Berechnungen möglich und man hat sich dann bei den fertigen Konstruktionen durch eine Spannungsprobe zu überzeugen, ob das Fabrikat die verlangte Spannung aushält.

Bei der Hochspannungsprüfung hat man natürlich die in Wirklichkeit auftretenden Verhältnisse möglichst genau herzustellen.

Im folgenden sollen die Gesichtspunkte besprochen werden, nach welchen die Hochspannungsprüfung zu erfolgen hat bei

1. Hochspannungskabeln,
2. Isolatoren,
3. Hochspannungsmaschinen und Transformatoren.

### 1. Kabelprüfung[1]).

Die Übertragung elektrischer Energie mit Hilfe von Hochspannungskabeln hat in den letzten Jahren bedeutend an Umfang zugenommen, und zwar bevorzugt man die Übertragung mit Hilfe von Kabeln hauptsächlich deshalb der Freileitung, weil ein im Erdboden verlegtes Kabelnetz den Störungen durch atmosphärische Einflüsse nicht ausgesetzt ist und deshalb eine wesentlich höhere Betriebssicherheit gewährleistet und geringere Unterhaltungskosten verursacht. Zur Zeit sind bereits Drehstromhochspannungskabel bis 30 000 Volt und Einleiterkabel bis 60 000 Volt im Betrieb.

Bis zur Fertigverlegung sind jedoch die Kabel leichter Beschädigungen ausgesetzt als die Freileitungen. Bereits bei der Fabrikation ist das Isoliermaterial zwischen Leiter und Bleimantel infolge der unvermeidlichen mechanischen Beanspruchungen Beschädigungen ausgesetzt, und das gleiche ist auch der Fall bei den Verlegungsarbeiten. Zur Aufdeckung etwaiger Beschädigungen ist man gezwungen, die Kabel mit Hochspannung zu prüfen, und zwar 1. sofort nach der Fabrikation und 2. nach der Verlegung.

Die Prüfung nach der Fabrikation kann im Kabelwerk, ohne besondere Schwierigkeiten zu bieten, mit Wechselstrom erfolgen, und zwar prüft man gewöhnlich jede Fabrikationslänge für sich. Dadurch werden jene Kabel ausgeschieden, welche bereits bei der Fabrikation Beschädigungen erlitten haben.

[1]) Dr.-Ing. M. Weiset, „Über die Prüfung von Hochspannungskabeln mit Gleichstrom", Dissertation Berlin.

Da die Kabel beim **Transport** zur Verwendungsstelle und bei der Verlegung verletzt werden können und auch die Möglichkeit besteht, daß die Kabelmuffen und Endverschlüsse Fehler aufweisen, muß man auch die fertig verlegten Kabel einer Prüfung unterziehen. Handelt es sich nun um größere Strecken und hohe Spannungen, so ist für die Prüfung eine erhebliche Leistung notwendig. Um z. B. ein Kabel von 30 km Länge und 20 000 Volt Betriebsspannung zu prüfen, ist bereits eine Scheinleistung von ca. 600 kVA notwendig. Die Prüfung mit der Erzeugeranlage ist vielfach nicht möglich, weil die Spannung der Generatoren meist nicht so hoch gesteigert werden kann. Eine transportable Prüfeinrichtung für Prüfung mit Wechselstrom würde für die genannte Scheinleistung etwa 15 000 kg wiegen und demgemäß erhebliche Transportschwierigkeiten verursachen.

Um diese Schwierigkeiten zu vermeiden, ist man der Frage näher getreten, ausgedehnte Kabelnetze mit **Gleichstrom** zu prüfen, und es scheint sich am besten das **Delon**sche Verfahren bewährt zu haben.

Die **Delon**sche Prüfeinrichtung stellt einen **Gleichrichter** dar. Sie besteht im wesentlichen aus einer stabförmigen Elektrode, die isoliert auf der Achse eines Synchronmotors aufgebracht ist, und zwar so, daß sie mit der Achse einen rechten Winkel bildet. Im Raume fest sind schneidenförmige Elektroden angeordnet, an denen die Stabelektrode vorbeirotiert. Zwischen Stabelektrode und feststehenden Elektroden ist ein Luftraum von höchstens einigen Millimetern.

Läßt man nun den Motor synchron mit dem Generator rotieren, dessen Spannung man als Prüfspannung benützt, so kann man es durch Verstellen der sonst feststehenden Elektroden erreichen, daß der Stab ihnen gerade in dem Moment gegenübersteht, wo die Spannung des Generators ihren Maximalwert hat. Durch geeignete Schaltung der Elektroden kann man erreichen, daß die Spannung in diesem Moment die kleinen Luftstrecken durchschlägt, man kann so durch den Stab ein mehr oder weniger großes Stück des Maximums der Spannungswelle sozusagen abschneiden und erhält auf diese Weise Gleichstromspannungsstöße von ungefähr rechteckiger Form mit dem Maximalwert $\sqrt{2}\,P$ ($P$ = Effektivwert der Spannung). Natürlich kann man die Stabelektrode auch direkt auf die Achse des Generators setzen.

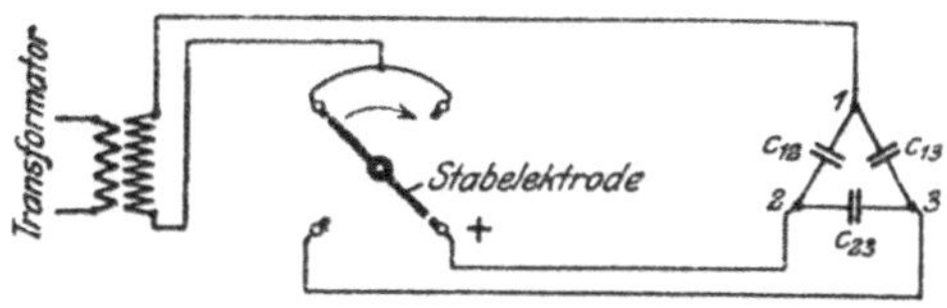

Abb. 85.

In Abb. 85 ist die **Delon**sche Schaltung für eine Vorrichtung mit 4 Schneidenelektroden angegeben zur Prüfung eines Dreileiterkabels. Die Kapazität der 3 Leiter gegeneinander ist durch die Kondensatoren $c_{12}$, $c_{23}$ und $c_{13}$ angedeutet.

Die rotierende Stabelektrode befinde sich in der gezeichneten Stelle gerade in dem Augenblick, wo die Spannung ihr positives Maximum hat; dem anderen Elektrodenpaar möge der Stab gerade in dem Augenblick gegenüberstehen, wo die Spannung ihr negatives Maximum hat, also nach 180 elektrischen Graden. Verfolgen wir während einer Umdrehung den Ladevorgang, so sehen wir, daß der Leiter 2 stets positiv, der Leiter 3 stets negativ und der Leiter 1 bald positiv, bald negativ geladen wird. Die Potentialdifferenz zwischen 2 und 3 ist also theoretisch gleich $2 \cdot \sqrt{2} \cdot P$.

In der Arbeit von Weiset sind noch folgende Schaltmöglichkeiten angegeben, die die praktische Durchführung der Kabelprüfung unter Umständen wesentlich erleichtern (Abb. 86). Neben der Prüfung je zweier Leiter gegen den dritten wird in der Regel auch eine Prüfung der Leiter gegen den Mantel verlangt. Hier ist Schaltung $C$ sehr zweckmäßig, weil ein Leiter gleichzeitig gegen den zweiten und gegen den Bleimantel die volle Spannung hat. Einfachkabel prüft man zweckmäßig nach Schaltung $G$.

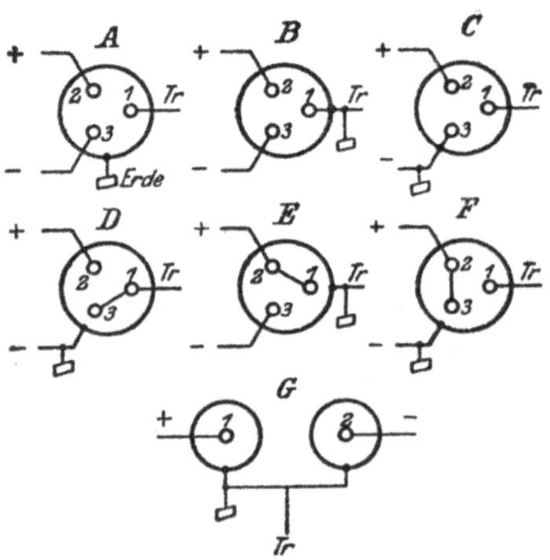

Abb. 86.

Bei den Prüfungen genügt es nicht, nur die Spannung auf der Wechselstromseite des Gleichrichters zu prüfen und diesen Wert mit $2 \cdot \sqrt{2}$ bzw. 2 zu multiplizieren; denn nach den Untersuchungen von Weiset ist die Gleichspannung wesentlich von den Verlusten im Kabel und von der Kontaktdauer abhängig. Im allgemeinen stellt sich eine Spannung im Betrag vom 2,3- bis 2fachen des Wechselstromeffektivwertes ein.

Es ist bekannt, daß zum Durchschlag von Isoliermaterialien mit Gleichstrom eine höhere Spannung notwendig ist als mit Wechselstrom; diese Erscheinung ist in der Haupsache darauf zurückzuführen, daß bei Gleichstrom die Hysteresisverluste wegfallen. Es ist nun die Frage, wie hoch man die Gleichstromprüfspannung wählen muß, wenn die Wechselstromprüfspannung vorgeschrieben ist. Diese Frage kann man nur durch den Versuch entscheiden. Nach den Untersuchungen von Weiset ist die Gleichstromprüfspannung zu wählen zu

Gleichstromprüfspannung = ca. 2,5mal verlangte Wechselstromprüfspannung.

Die von Weiset gemachten Angaben über die Versuchsbedingungen genügen jedoch nicht, um entscheiden zu können, ob das angegebene Verhältnis von 2,5 zuverlässig ist. Nach Ansicht des Verfassers kann ein allgemein gültiger Wert überhaupt nicht angegeben werden.

Die Aufladung der Kabel mit Gleichstrom erfordert natürlich einige Zeit, und zwar um so länger, je größer die Kabellänge ist. Die Prüfspannung wächst nach einer Exponentialkurve an und erreicht beispielsweise bei einem 3000 m langen Kabel die volle Prüfspannung nach etwa 30 Minuten.

In der Kabeltechnik haben sich für Prüfspannung, Gebrauchsspannung und Typenbezeichnung folgende Werte herausgebildet.

Kabel-Prüftabelle.

| Für Gebrauchsspannung | Mit Prüfspannung im Wert von | Fabrikatorische Typenbezeichnung |
|---|---|---|
| bis 1 099 Volt | 1 200 Volt | 700 Volt |
| von 1 100 „ 2 299 „ | 5 000 „ | 2 000 „ |
| „ 2 300 „ 3 399 „ | 7 500 „ | 3 000 „ |
| „ 3 400 „ 4 399 „ | 10 000 „ | 4 000 „ |
| „ 4 400 „ 5 399 „ | 12 000 „ | 5 000 „ |
| „ 5 400 „ 6 399 „ | 15 000 „ | 6 000 „ |
| „ 6 400 „ 7 399 „ | 17 500 „ | 7 000 „ |
| „ 7 400 „ 8 899 „ | 21 250 „ | 8 500 „ |
| „ 8 900 „ 10 399 „ | 25 000 „ | 10 000 „ |
| „ 10 400 „ 12 499 „ | 30 000 „ | 12 000 „ |
| „ 12 500 „ 15 499 „ | 37 500 „ | 15 000 „ |
| „ 15 500 „ 20 499 „ | 50 000 „ | 20 000 „ |

Nach der Verlegung soll eine Prüfung aller Kabeltypen von 2000 bis 20 000 Volt nur mit einer um höchstens 50% über der Gebrauchsspannung liegenden Spannung ausgeführt werden.

## 2. Prüfung der Hochspannungsisolatoren.

Die Hochspannungsisolatoren gehören zu den kompliziertesten Hochspannungskonstruktionen und die bis heute üblichen Formen sind einer genauen Berechnung nicht zugänglich.

Bei der Konstruktion der Hochspannungsisolatoren ist man von den bei Telephon- und Telegraphenleitungen verwendeten Isolatoren ausgegangen, indem man annahm, daß auch bei den für Hochspannung bestimmten Isolatoren die Forderung einer möglichst hohen Oberflächenisolation maßgebend sei. Diese Annahme hat sich als irrig erwiesen; denn die bei Hochspannungsisolatoren auftretenden Entladungserscheinungen sind von der Oberflächenisolation nur wenig abhängig. Wir haben bereits bei den Durchführungen die Einflüsse der Oberflächenisolation auf die Spannungsverteilung längs des Isolators und damit auf die Entladungserscheinungen kennengelernt.

Dazu kommt eine weitere Erscheinung, welche die ungünstige Form des Reichsmodelles für Hochspannungszwecke beweist. Die bei Regen längs des Mantels der Isolatoren ablaufenden Tropfen werden entsprechend dem Verlaufe der Kraftlinien an die Stütze getrieben und leiten so den Überschlag ein. Daraus ergibt sich die Forderung, den Außenmantel der Isolatoren möglichst weit ausladen zu lassen, so daß der Rand des Mantels von der Stütze weit entfernt ist.

Auf Grund dieser Forderungen entstanden im Jahre 1897 die Delta isolatoren der Porzellanfabrik Hermsdorf, welche für die Entwick-

Abb. 87.

lung der Hochspannungisolatoren maßgebend wurden. In der Abb. 87 ist eine Reihe von Hochspannungsisolatoren, wie sie heute gebräuchlich sind, abgebildet.

Einen großen Fortschritt im Bau der Hochspannungsisolatoren stellen die Metalldachisolatoren dar (Abb. 88). In der Erkenntnis, daß das Porzellandach des Isolators nach Benetzung durch den Regen seine

Abb. 88.

isolierende Eigenschaft verliert, also eine leitende Fläche darstellt, wurde man dazu geführt, das Porzellandach durch ein Metalldach zu ersetzen. Dadurch wird der Isolator wesentlich einfacher in der Herstellung und der der Beschädigung am meisten ausgesetzte Teil des Isolators, das zerbrechliche Porzellandach, kommt in Wegfall.

Zugleich aber bietet der Metalldachisolator noch einen weiteren Vorteil, eine gleichmäßige Feldverteilung. Während beim Porzellandachisolator je nach einer örtlichen Verschmutzung oder Benetzung die Feldstärke an solchen Stellen unzulässig hohe Werte erreichen kann, ist beim Metalldachisolator eine gleichmäßige Feldverteilung durch das Metall von vornherein gewährleistet. Auch die ungünstigen Entladungserscheinungen an der Bundrille fallen weg, sowie die durch den Leitungsdraht selbst hervorgerufene Zusammendrängung der Feldlinien.

Die schwache Stelle des Metalldachisolators liegt an der Stoßstelle Blech-Porzellan. Wie bei den Durchführungen an der Schelle, so treten hier bei genügend hoher Spannung leicht Vorentladungserscheinungen auf.

Abb. 89.

Um beim Auftreten von Lichtbogen diese von den Porzellanteilen fernzuhalten, ordnet man vielfach an der Stütze Schutzringe an, wie Abb. 89 zeigt.

Wie man diesen Darlegungen bereits entnehmen kann, muß sich die Isolatorenprüfung hauptsächlich auf die Untersuchung über den Einfluß der Feuchtigkeit erstrecken. Die Trockenprüfung der Isolatoren hat hauptsächlich den Zweck, fehlerhafte Stücke auszuscheiden. Die Probe auf Durchschlag fällt ganz weg; denn ein Isolator muß eher überschlagen als durchschlagen. W. Weicker hat eingehende Untersuchungen über die Prüfung von Isolatoren angestellt. Seinen Ausführungen schließen wir uns im folgenden an.

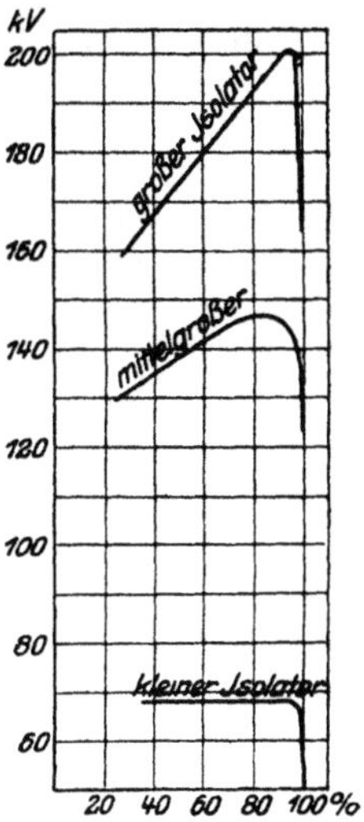


Abb. 90.

Sehr interessant sind die Untersuchungen über den Einfluß der Feuchtigkeit der Luft auf die Entladungserscheinungen an Isolatoren. Wir haben bei der Untersuchung der Durchschlagfestigkeit der Luft gesehen, daß die Feuchtigkeit keinen Einfluß auf die Anfangsspannung, wohl aber auf die Büschelgrenzspannung hat, und zwar nimmt diese mit der Luftfeuchtigkeit zu.

An den Isolatoren mit den verschiedenen Wölbungen und Krümmungen sind, wie leicht verständlich ist, alle Entladungserscheinungen möglich, die wir für die Luft kennengelernt haben.

Je nachdem nun die Funkenspannung des Isolators der Anfangs- oder Büschelgrenzspannung folgt, wird sich der Einfluß der Luftfeuchtigkeit in verschiedener Weise geltend machen müssen. In Abb. 90 sind drei von Weicker aufgenommene Kurven für die Funkenspannung an drei verschieden großen Isolatoren dargestellt. Je nachdem die Funkenspannung mit der Anfangs- oder Büschelgrenzspannung zusammenfällt, macht sich der Einfluß der Feuchtigkeit gar nicht oder in weniger oder mehr ausgeprägtem Maße bemerkbar: beim kleinen Isolator ist kein Einfluß der Steigerung der Feuchtigkeit bis nahezu 100% bemerkbar, bei dem mittelgroßen Isolator nimmt die Funkenspannung bereits um 9%, und beim großen Isolator sogar um 20% zu. Bei Erreichung des Taupunktes nimmt aber die Überschlagspannung bei allen Isolatoren in gleicher Weise ab.

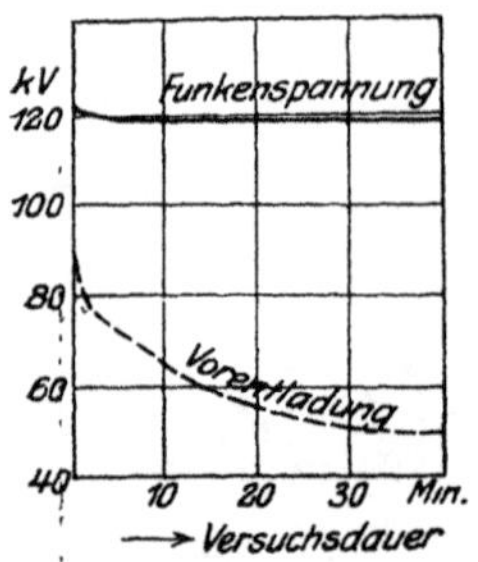

Abb. 91.

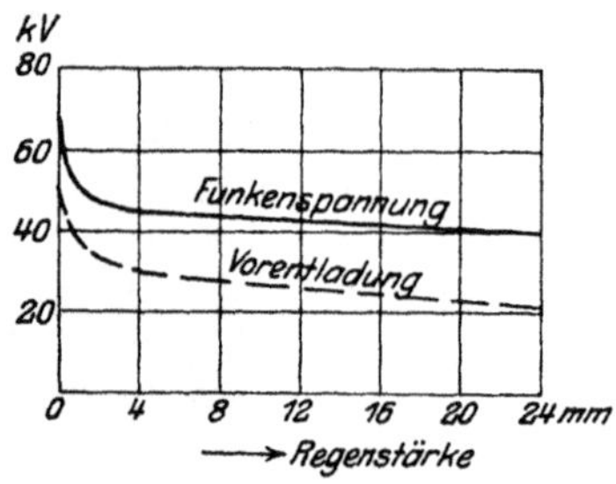

Abb. 92.

Gegenüber diesen Erscheinungen tritt der Einfluß der Temperatur und des Barometerstandes vollkommen zurück.

Danach ist es verständlich, daß die Beanspruchung des Isolators am ungünstigsten ist, wenn Schnee mit Regen vermischt oder wenn starker Nebel fällt.

Die Versuchsdauer spielt bei allen Versuchen unter Regen eine große Rolle, da die inneren Flächen der Isolatoren erst mit der Zeit richtig benetzt werden. In Abb. 91 sind die Vorentladungs- und Funkenspannungen in Abhängigkeit von der Versuchsdauer dargestellt. Danach muß man die Versuche mindestens auf eine halbe Stunde ausdehnen, ehe der stationäre Zustand eingetreten ist.

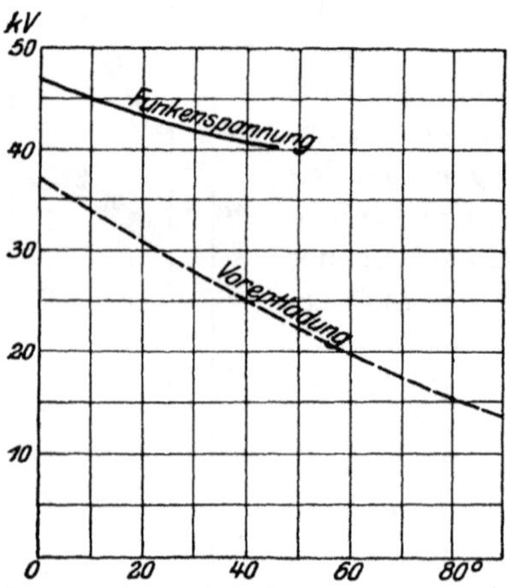

Abb. 93.

Der Einfluß der Regenstärke auf die Vorentladungs- und Durchschlagspannung ist nicht so groß, wie man erwarten sollte (Abb. 92). Dagegen sind diese Spannungen von dem Einfallswinkel des Regens stark abhängig, wie Abb. 93 zeigt. Es muß ausdrücklich bemerkt werden, daß der Isolator bei der Prüfung in senkrechter Lage belassen werden muß, der veränderliche Einfallswinkel des Regens ist durch Schiefstellen der Brause herzustellen.

Sehr wichtig ist es, das Verhalten des Isolators im Wasserdampf zu untersuchen, und zwar muß dabei der Isolator vollkommen von einer Feuchtigkeitsschicht bedeckt sein. Den Wasserdampf erzeugt man am besten, indem man gegen den Isolator einen Dampfstrahl richtet.

W. Weicker hat eine Anzahl sehr interessanter photographischer Aufnahmen über die verschiedenen Entladungsformen an Isolatoren

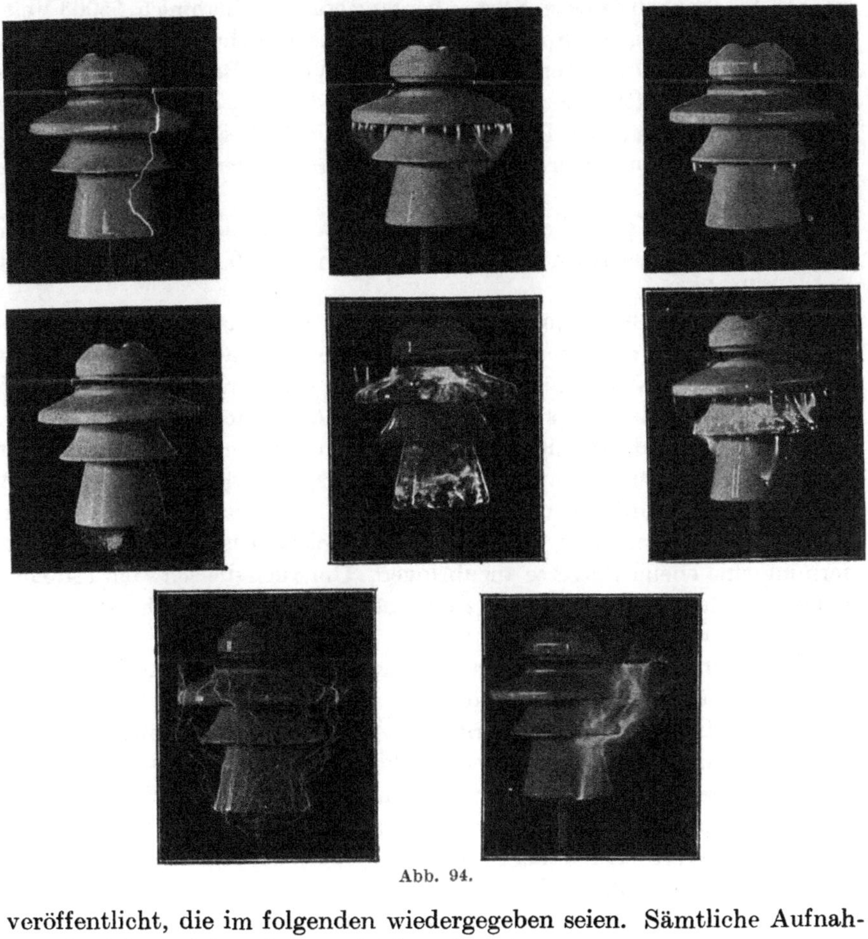

Abb. 94.

veröffentlicht, die im folgenden wiedergegeben seien. Sämtliche Aufnahmen beziehen sich auf den gleichen Isolator.

Bild 1 der Abb. 94 zeigt die bekannten Funken zwischen Leitungsdraht und Stütze bei einer Spannung von 62 000 Volt und schwachem Regen. Die zweite Aufnahme zeigt das Verhalten bei 55 000 Volt und etwas stärkerem Regen; die dritte Aufnahme bei 45 000 Volt und längerer schräger Beregnung, und die 4. bei 35 000 Volt nach völliger Benetzung auch der zwischen den Mänteln liegenden Hohlräume. Entsprechend dem verschiedenen Grad der Benetzung treten, wie die Aufnahmen erkennen lassen, die Entladungserscheinungen nacheinander an den verschiedensten Stellen auf, nämlich immer zwischen denjenigen Teilen, wo sich die trokkenste Stelle und daher das größte Spannungsgefälle befindet. Hat sich schließlich in sehr feuchter Luft auf allen Oberflächen des Isolators Wasserdampf niedergeschlagen, so findet unter lebhaftem Leuchten der ganzen Flächen ein direkter Stromübergang statt (Aufnahme 5, 35000 Volt) dem bei Erhöhung der Spannung auch starke rötliche Entladungen zwischen den Mänteln folgen (Bild 6, 45 000 Volt). Bei genügend großer Leistung des Prüftransformators bildet sich bei weiterer Steigerung der Spannung ein stehender Lichtbogen aus (Bild 7), bei ungenügender Leistung dagegen entstehen kurz dauernde, krachende lichtbogenähnliche Teilentladungen.

Im folgenden sind die Vorschläge wiedergegeben, die W. Weicker für die Prüfung der Hochspannungsisolatoren von 10 000 bis 60 000 Volt aufgestellt hat.

**Aufstellung.** Der zu prüfende Isolator ist allein (andernfalls genügender Abstand der einzelnen Isolatoren) auf eine gerade Stütze normaler Stärke (Durchmesser angeben!) zu befestigen (bei vergleichender Prüfung verschiedener Isolatoren sind gleiche Stützendurchmesser zu verwenden). Der Leitungsdraht ist mittels Drahtbundes oder umgelegter Spiralfeder in der Halsrille (nicht Kopfrille) des Isolators zu verlegen. Dabei ist der Isolator so anzuordnen, daß er in allen seinen Teilen auch von unten beobachtet werden kann. Unterhalb des Isolators ist in normaler Entfernung eine ebene Traverse anzubringen. Um auch die schwächsten Entladungserscheinungen verfolgen zu können, muß der Versuchsraum völlig verdunkelt werden können.

**Regenvorrichtung.** Die Regenbrause soll in einiger Entfernung vom Isolator so aufgestellt werden, daß der Regen, in einzelne Tropfen aufgelöst, den Isolator im Bogen trifft. Der Neigungswinkel muß verändert werden können, ebenso die Regenstärke (z. B. durch Auswechslung des Mundstückes der Brause). Außerdem muß unbedingt der Feuchtigkeitsgehalt der Luft durch Zuleiten von Dampf so gesteigert werden können, daß der Isolator sich dauernd mit einer zusammenhängenden Schicht feinster Wassertröpfchen beschlagen kann.

**Elektrische Verhältnisse.** Zu den Versuchen ist ein Transformator (kein Induktionsapparat) möglichst ohne Vorschaltwiderstand im Primärkreise und ein Dynamo von genügender Leistung zu benutzen. Ferner ist anzugeben: Etwaige Erdung eines Poles, die Periodenzahl, sowie vor allem unbedingt die Größe des Scheitelfaktors für das ganze in Betracht kommende Spannungsbereich. Ist die Größe des Scheitelfaktors nicht angebbar, so kann als Maß der Spannungsamplitude eine parallel geschaltete Funkenstrecke benutzt werden.

Bei Berechnung der sekundären Spannung aus den primär beobachteten Werten ist namentlich bei gleichzeitiger Prüfung einer großen Anzahl von Isolatoren unter Umständen auf den Spannungsabfall des Transformators, eventuell auch in der Hochspannungszuleitung Rücksicht zu nehmen.

**Messungen.** Die Messungen am Isolator sollen umfassen:

1. Funkenspannung für den trockenen Isolator;
2. Funkenspannung bei Regen von 0,1 mm (durchschnittliche Stärke sog. Landregen);
3. Funkenspannung bei Regen von 4 mm Höhe (vorübergehender Platzregen);
4. Vorentladungsspannung in wasserdampfgesättigter Atmosphäre bei gleichzeitigem schwachem Regen.

Bei diesen Versuchen soll der Regen den Isolator unter einem Winkel von mindestens 45 Grad treffen. Der Luftdruck, die Temperatur und vor allem der relative Feuchtigkeitsgrad der Luft ist stets mit anzugeben.

Unbedingtes Erfordernis ist dabei, daß (besonders für die Vorentladungsspannung) erst die nach Ablauf einer Viertelstunde erfolgten Beobachtungen als maßgebend anzusehen sind, wobei an dem Isolator während dieser Zeit die betreffende Spannung möglichst konstant zu halten ist.

## 3. Prüfung von Maschinen und Transformatoren.

(Auszug aus „Normalien, Vorschriften und Leitsätze des Verbandes Deutscher Elektrotechniker, 9. Aufl., 1914, S. 301 ff.)

### Isolation.

§ 26.

Die Messung des Isolationswiderstandes wird nicht vorgeschrieben, wohl aber eine Prüfung auf Isolierfestigkeit (Durchschlagprobe). Maschinen und Transformatoren müssen imstande sein, eine solche Probe mit der in folgendem festgesetzten Spannung auszuhalten. Die Dauer der Prüfung mit der vollen Prüfspannung beträgt 1 Minute.

Maschinen und Transformatoren für Spannungen von 40 bis 5000 Volt sollen mit dem $2^1/_2$fachen der normalen Spannung, jedoch nicht mit weniger als 1000 Volt geprüft werden. Maschinen und Transformatoren für Spannungen von 5000 bis 7500 Volt sind mit normaler Spannung bis 7500 Volt zu prüfen. Von 7500 bis 50 000 Volt beträgt die Prüfungsspannung das Zweifache. Für Spannungen über 50 000 Volt sind besondere Vereinbarungen zu treffen. Maschinen und Transformatoren für weniger als 40 Volt sind mit wenigstens 500 Volt zu prüfen. Die Prüfspannung kann entweder durch eine fremde Stromquelle oder die zu prüfende Maschine oder den zu prüfenden Transformator selbst erzeugt sein.

Die Prüfung ist möglichst bei warmem Zustand der Maschine oder des Transformators vorzunehmen.

Die Spannung ist allmählich zu steigern.

Obige Angaben über die Prüfspannung gelten unter der Annahme, daß die Prüfung mit Wechselstrom von annähernd sinusförmiger Kurve vorgenommen wird und beziehen sich auf effektive Werte.

§ 27.

Die angegebenen Prüfspannungen beziehen sich auf die Isolation der Wicklungen gegen Körper sowie die Isolation elektrisch getrennter Wicklungen gegeneinander. In letzterem Fall ist bei Wicklungen verschiedener Spannung immer die höchste sich ergebende Prüfspannung anzuwenden.

§ 28.

Zwei elektrisch verbundene Wicklungen verschiedener Spannung sind mit der höheren Prüfspannung gegen Körper zu prüfen. (Vgl. auch § 30.)

§ 29.

Sind Maschinen oder Transformatoren unter sich oder mit Widerständen hintereinander geschaltet, so sind die verbundenen Wicklungen außer nach § 28 mit einer der Spannung des ganzen Systems entsprechenden Prüfspannung gegen Erde zu prüfen.

§ 30.

Ist eine Wicklung betriebsmäßig mit dem Körper leitend verbunden, so soll die Prüfspannung möglichst durch die zu prüfende Maschine oder den zu prüfenden Transformator selbst erzeugt werden. Die Prüfung ist dann in betriebsmäßiger Schaltung vorzunehmen.

Wird die Prüfung auf Isolierfestigkeit ausnahmsweise mit fremder Stromquelle ausgeführt, so richtet sich die Prüfspannung nach der größten Spannung, die an irgendeinem Punkte der Wicklung gegen Körper im Betrieb auftreten kann. Die Verbindung der Wicklung mit dem Körper ist bei dieser Prüfung zu unterbrechen.

§ 31.

Für Magnetspulen mit Fremderregung beträgt die Prüfspannung das Dreifache der Erregerspannung, jedoch mindestens 1000 Volt; für Sekundäranker von Asynchronmotoren die zweieinhalbfache Anlasserspannung, jedoch mindestens 500 Volt. Kurzschlußanker brauchen nicht geprüft zu werden.

§ 32.

Maschinen und Transformatoren sollen 5 Minuten lang eine um 30% erhöhte Betriebsspannung aushalten können. Durch diese Prüfung soll nur festgestellt werden, ob die Isolierfähigkeit der Windungen gegeneinander für die normale Betriebsspannung ausreicht, jedoch nicht, ob die Isolierung den (z. B. beim Einschalten ohne Schutzschalter auftretenden) Überspannungen standhalten kann.

## C. Einrichtungen eines Hochspannungsversuchsfeldes.

### 1. Transformatoren und Maschinen.

Bei der Einrichtung eines Hochspannungsversuchsfeldes ist man vor die Frage gestellt, ob man den Transformator von einem Netz aus (z. B. städt. Netz) speisen und die Spannung durch einen Stufentransformator regulieren oder ob man einen eigenen Einphasenwechselstromgenerator zur Speisung des Transformators verwenden soll. Wenn man auf saubere Versuchsbedingungen Wert legt, dann ist unbedingt zum letzteren zu raten; denn die Speisung des Transformators aus einem Netz bringt große Nachteile mit sich; einmal weiß man nie sicher, ob die Kurvenform des Netzes konstant bleibt, und man ist dauernd gezwungen, dieselbe zu kontrollieren, ferner ist das Zuschalten der Spannungsstufen mit Hilfe des Stufenschalters mit Stößen verknüpft, da beim Übergang von einer Stufe zur anderen die neu zuzuschaltende Stufe vorübergehend über einen Widerstand kurz geschlossen werden muß. Endlich ändert sich der Scheitelfaktor durch das Zuschalten des Stufentransformators so stark, daß die Versuchsergebnisse dadurch getrübt werden.

Da der Eintritt der Funkenentladung (Lichtbogenentladung) von der Größe des Transformators abhängt, darf man die Leistung des Transformators nicht zu klein wählen. Es empfiehlt sich nicht, unter 15 bis 20 kVA herunterzugehen.

Wenn man im Versuchsfeld alle möglichen Arten von Prüfungen vornehmen muß, wenn man sich also nicht etwa allein auf die Prüfung von Hochspannungsisolatoren beschränken will, so wird man zweckmäßigerweise mehrere Transformatoren aufstellen mit verschiedenen Spannungsgrenzen; denn für Versuche, wo der Durchschlag bei 2000 bis 10 000 Volt zu erwarten ist, empfiehlt es sich nicht, einen 500 000-Volt-Transformator zu verwenden.

Im Versuchsfeld des Verfassers stehen drei Transformatoren zur Verfügung:

Transformator 1: Hochspannung umschaltbar von 1000 bis 32 000 Volt;
Transformator 2: Hochspannung umschaltbar von 25 000 bis 50 000 V.;
Transformator 3: Hochspannung bis 150 000 Volt.

Der Einphasengenerator, welcher die Transformatoren speist, muß natürlich eine den Transformatoren entsprechende Größe haben. Die Kurvenform muß möglichst genau sinusförmig sein.

Die Spannung des Generators wird durch Änderung des Erregerstromes gesteigert; der Erregerstromregulator muß genau nach der Charakteristik des Generators abgestuft sein, d. h. jede Stufe des Erregerstromregulators muß die gleiche Spannungssteigerung ergeben.

Der Erregerstromregulator muß natürlich im Prüfraum selbst angeordnet sein; es empfiehlt sich aber nicht, den Generator selbst im Prüfraum aufzustellen, weil durch das Geräusch desselben der Beobachter gestört wird im Abhören des Eintrittes der verschiedenen Entladungsvorgänge.

Als Antriebsmotor wählt man am besten einen Gleichstromnebenschlußmotor, um die Tourenzahlen in weiten Grenzen regulieren zu können, für den Fall, daß man den Einfluß der Periodenzahl auf die Durchschlagfestigkeit studieren will.

## 2. Apparate.

Als Prüfapparat benützt der Verfasser ein Gestell, bei welchem der zu prüfende plattenförmige Gegenstand horizontal liegt. Das ist zweckmäßig, um den Druck der Elektroden bequem durch Gewichte verändern zu können. Die Elektrodenträger sind gelenkig an Stützisolatoren befestigt und so ausgebildet, daß man verschiedene Arten von Elektroden einstecken kann. Als Elektroden benützt der Verfasser: Platten, Kugeln, Spitzen mit verschiedenem Öffnungswinkel, Schneiden und Walzen.

Am unteren Elektrodenträger kann auch eine Schale befestigt werden, in welche die obere Elektrode eintaucht. Auf diese Weise kann man die Prüfung bequem unter Öl durchführen. Die Schale selbst darf nicht zu klein gewählt werden. Sie soll aus Glas bestehen, um den Entladungsvorgang bequem beobachten zu können.

Der ganze Prüfapparat kann in einen Glaskasten gestellt werden. Es empfiehlt sich nämlich unter allen Umständen, die Prüfungen in einem abgeschlossenen Raum vorzunehmen, in welchem die gewünschte Temperatur und Feuchtigkeit hergestellt werden kann. Der Glaskasten muß groß genug sein, um mehrere Gegenstände gleichzeitig aufnehmen zu können. Im Unterbau des Kastens werden Heizwiderstände und ein Luftbefeuchter angeordnet. Möglichst in gleicher Höhe mit dem Dielektrikum wird ein Hygrometer und Thermometer aufgestellt. Auch die Anbringung eines Barometers empfiehlt sich. Daneben muß immer noch genügend Platz vorhanden sein, um ein großes Glasgefäß (Akkumulatorengefäß) aufnehmen zu können, in welchem sich die zu prüfenden Materialien befinden (siehe Abschnitt über die Prüfung der hygroskopischen Materialien). Am besten wird der Ober- und Unterraum des Kastens durch einen Holzrost voneinander geschieden, auf dem man das Glasgefäß aufstellen kann. Am Dach des Kastens wird zweckmäßigerweise eine Klappe angebracht, um den Kasten lüften oder die Temperatur einregulieren zu können. Die Metallteile des Kastens müssen natürlich geerdet werden. Es empfiehlt sich, auf der vorderen Seite des Kastens zwei Glasscheiben wegzunehmen und dafür zwei Stoffärmel anzubringen. Um im Glaskasten zu hantieren, schlüpft man in die Stoffärmel und braucht auf diese Weise den Schrank während einer Versuchsreihe nicht zu öffnen.

Die automatische Prüfeinrichtung wurde bereits beschrieben. An dem Schaltbrett des Prüfapparates sind noch einige Sicherheitseinrichtungen anzubringen. Der Verfasser hat zwei Automaten angeordnet; der eine liegt in der Niederspannungsseite des Transformators und schaltet bei erfolgtem Durchschlag ab; der andere liegt im Erregerstromkreis des Generators und wird vom erstgenannten Automaten gesteuert. Wenn dieser herausfällt, schaltet er durch einen Nebenkontakt den Haltemagneten des zweiten Automaten ab, so daß auch dieser herausfallen muß. Durch die Automaten werden noch zwei Signallampen gesteuert, eine rote und eine grüne. Sind die Automaten eingeschaltet, ist also die Prüfeinrichtung unter Spannung, so brennt die rote Lampe; ist das Versuchsfeld dagegen spannungslos, dann brennt die grüne Lampe.

Das ganze Versuchsfeld muß natürlich vollständig verdunkelt werden können, um die Entladungserscheinungen beobachten zu können.

## 3. Meßinstrumente.

Die wichtigsten Instrumente eines Hochspannungsversuchsfeldes sind die Vorrichtungen zur Spannungsmessung.

Der Verfasser mißt bei allen Versuchen die Spannung sowohl auf der Niederspannungsseite als auch auf der Hochspannungsseite des Transformators. Das Niederspannungsvoltmeter ist ein registrierendes Instrument und wird jeweils mit dem Hochspannungsvoltmeter geeicht. Der Einbau eines registrierenden Voltmeters empfiehlt sich sehr, wenn man bei der Materialprüfung mit der automatischen Prüfeinrichtung arbeitet. Man ist dadurch jeder weiteren Beobachtung des Voltmeters enthoben und hat doch eine Kontrolle und die Gewähr, daß die Versuche einwandfrei durchgeführt sind. Das registrierende Voltmeter wählt man am besten für mehrere Meßbereiche, wenn auch die Niederspannungsseite des Transformators umschaltbar ist. Ferner empfiehlt es sich, für die Papiervorschubeinrichtung des Instrumentes verschiedene Geschwindigkeiten einstellen zu können. Denn bei raschen Spannungssteigerungen braucht man eine größere Papiergeschwindigkeit als bei langsamen Spannungssteigerungen. Selbstverständlich muß das Sekundenpendel der automatischen Prüfeinrichtung und das Uhrwerk des registrierenden Voltmeters genau miteinander übereinstimmen.

Als Hochspannungsvoltmeter verwendet der Verfasser die bekannten Braunschen Elektrometer, die man durch Vorschalten von geeigneten Kondensatoren bis zu 40 000 Volt ohne weiteres benützen kann.

Zur Messung höherer Spannungen verwendet man meist Funkenstrecken. Während das Elektrometer Effektivwerte angibt, kann man mit einer Funkenstrecke nur die Scheitelwerte messen. Bei genau sinusförmiger Spannung kann man die Funkenstrecke natürlich auch für Effektivwerte eichen.

In Amerika ist als Normalfunkenstrecke die Nadelfunkenstrecke in Verwendung. Sie hat aber den großen Nachteil der Unzuverlässigkeit, wie man es ja auch bei Spitzenelektroden nicht anders erwarten kann.

In Deutschland verwendet man für die Meßfunkenstrecke solche Elektroden, bei denen die Überschlagspannung mit der Anfangsspannung zusammenfällt, also z. B. Kugeln. Die Überschlagswerte können für die einzelnen Kugeldurchmesser aus Tafel S. 101 entnommen werden.

Petersen schlägt als Normalfunkenstrecke zwei sich umhüllende Zylinder vor, die nach vollzogener Selbstreinigung, d. h. nach einigen Überschlägen sehr genau arbeiten. Sie haben den großen Vorteil, daß man die Durchschlagspannung berechnen kann. Wie wir gesehen haben, bleibt auch bei Parallelverschiebung das Feld der strengen Berechnung zugänglich, wenn man die Festigkeit der Luft für den betreffenden Durchmesser des Innenzylinders kennt. Man kann also eine gerade herrschende Spannung dadurch messen, daß man den Innenzylinder bei festgehaltenem Außenzylinder (oder umgekehrt) so lange parallel verschiebt, bis eine hörbare Entladung eintritt. An einer Skala kann man den Achsenabstand der beiden Zylinder ablesen und aus der Eichkurve die Höhe der Überschlagspannung entnehmen.

# Anhang.

Jede Materialprüfung umfaßt die Ermittlung

1. der Dielektrizitätskonstante,
2. der Durchschlagfestigkeit

des zu prüfenden Isolierstoffes.

In der Literatur findet man mehrfach Tabellen über die Dielektrizitätskonstanten und Durchschlagfestigkeiten der Isoliermaterialien. Vergleicht man die Tabellen miteinander, so kann man große Abweichungen in den Werten feststellen.

Die Unterschiede in der Durchschlagfestigkeit rühren, wie bereits erwähnt wurde, daher, daß die verschiedenen Beobachter nicht die gleichen Versuchsbedingungen herstellen; die Unterschiede in den Werten der Dielektrizitätskonstanten weisen aber darauf hin, daß auch in der Fabrikation der Materialien Abweichungen auftreten. Das ist auch erklärlich; denn alle Materialien stellen chemisch mehr oder weniger komplizierte Zusammensetzungen dar.

Aus diesen Gründen ist es nach Ansicht des Verfassers nicht richtig, für die einzelnen Materialien bestimmte Zahlenwerte anzugeben, besonders so lange nicht, bis etwa durch Vorschriften eine Einheitlichkeit in der Prüfung der Materialien erreicht ist.

Die folgenden Tabellen sollen lediglich einen Anhalt über die Größenordnung der Dielektrizitätskonstanten und Durchschlagfestigkeiten der Isoliermaterialien geben. Es ist etwas Raum gelassen, um Eintragungen machen zu können.

## Tabelle der Dielektrizitätskonstanten.

Dielektrizitätskonstante $\varepsilon$ =

| 2,0 | 2,5 | 3,0 | 3,5 | 4,0 | 4,5 | 5,0 | 5,5 | 6,0 | 7,0 | 8,0 |
|---|---|---|---|---|---|---|---|---|---|---|
| Paraffinöl | | Olivenöl | | Rizinusöl | | | | | | |
| Petroleum | | Rüböl, Leinöl | | Äther | | | | | | |
| Transformatorenöl | | | | | | | | | | |
| Terpentinöl | | Harzöle | | | | | | | | |
| Paraffin | | | | | Porzellan | | Glimmer | | | |
| | Papier | | | | Mikanit | | | | | |
| Wachs | | Schwefel | Guttapercha | | Quarz | | | | | |
| Chatterton | | | Hartpapiere | | Fensterglas | | | | Crownglas | |
| | Kautschuk | Schellack | | | | | | | | Flintglas |
| | Hartgummi | | | | | | | | | |

Für alle Gase ist die Dielektrizitätskonstante mit großer Annäherung gleich 1.

## Tabelle der Durchschlagfestigkeiten.

Durchschlagfestigkeit $\mathfrak{E}_b$ =

| 50 | 100 | 120 | 140 | 160 | 180 | 200 | 300 | 500 | 1000 |
|---|---|---|---|---|---|---|---|---|---|
| Kilovolt pro 1 cm | | | | | | | | | |
| | Transform.-Öl | | | Pertinax | Paraffin | | | Hartgummi | Glas |
| | Porzellan | | | Mikanit | | Hartpapiere | | Glimmer | |
| Leatheroid | | | Stabilit | | Kabelpapier | | | | |
| | Ambroin | | | | Paraffinpapier | | | | |
| | Ebonit | | | | | | | | |

Die Durchschlagfestigkeit der **Luft** beträgt 21 $\frac{\text{kv}}{\text{cm}}$ bei 760 mm Barometerstand und 20° C; bei 10 atm steigt die Durchschlagfestigkeit auf 210 $\frac{\text{kv}}{\text{cm}}$.

# Namen- und Sachverzeichnis.



---


Druck der Spamerschen Buchdruckerei in Leipzig.

GPSR Compliance

*The European Union's (EU) General Product Safety Regulation (GPSR) is a set of rules that requires consumer products to be safe and our obligations to ensure this.*

*If you have any concerns about our products, you can contact us on ProductSafety@springernature.com*

In case Publisher is established outside the EU, the EU authorized representative is:

Springer Nature Customer Service Center GmbH
Europaplatz 3
69115 Heidelberg, Germany

**Batch number: 10682323**

Printed by Printforce, the Netherlands